CHEERS

新

与最聪明的人共同进化

HERE COMES EVERYBODY

CHEERS
湛庐

TURNING RIGHT
长跑启示录

［澳］凯·布雷茨 Kay Bretz 著
徐烨华 译

浙江教育出版社·杭州

如何激发潜能，达到卓越？

扫码加入书架
领取阅读激励

- 优秀和卓越的区别关键在于：（单选题）
  A. 天赋
  B. 运气
  C. 练习时长
  D. 动力来源

扫码获取全部
测试题和答案
一起了解如何释放压力，
收获意料之外的精彩表现

- 以下哪种行为无助于运动员取得卓越表现？（单选题）
  A. 专注于提升自身的技术水平
  B. 将精力集中于关键事项上
  C. 时刻关注气温、天气等外部环境
  D. 注意练习自己的优势

- 以下哪种做法能更有效地帮助我们避免陷入"内耗"？（单选题）
  A. 放弃让自己内耗的任务或挑战
  B. 在当时情绪的支配下随心行动
  C. 跳出当下的情景，从全局视角思考
  D. 谨慎行事，以防做出会后悔的决定

扫描左侧二维码查看本书更多测试题

推荐序一

激发属于自己的神奇时刻

毛大庆
优客工场、共享际创始人
中国探险协会百马跑者分会会长

对于我这样常年坚持长跑的人来说，长跑这项运动对于人生的启示到底是什么，其实是一个很多元、立体的问题。

首先，毋庸置疑，长跑有利于身体健康。其次，在漫长的运动时间里，人的心理也将进入一个自洽的调试模式，我知道这很神奇，对于没有长跑习惯的人来说，有点像是玄学，或者会感觉不可思议，甚至会反问："跑那么久、那么长，难道不应该感到煎熬才对吗？"

所以现在，让我们翻开摆在你面前的这本书——来自澳大利亚的卓越跑者凯·布雷茨的《长跑启示录》。即便你身处跑圈之外，也可以抽出一小段时间翻翻这本书，从文字中感受一下长跑的魅力所在。当然，如果你像我一样热爱长跑，那么阅读的过程就是一段享受共鸣与共情的愉悦旅程。

长跑启示录　Turning Right

首先，我想向中国读者简单介绍一下本书的作者凯·布雷茨。他的人生并不是从从事专业长跑运动起步的，他曾在麦肯锡担任多年高管，有超过 15 年的国际企业管理咨询服务经验，还是很多澳大利亚主要零售商的高级领导团队成员。与这些卓越的企业管理经历交织着的，是他更加令人感到不可思议的长跑经历，他是世界级超级马拉松（简称超马）运动员，2019 年获得澳大利亚年度最佳表现奖和布莱恩·史密斯奖，24 小时世界耐力跑锦标赛上跑得最快的澳大利亚人，2022 年澳大利亚 24 小时耐力跑锦标赛银牌得主，2018 年澳大利亚越野锦标赛的布朗斯奖章获得者，在超过 12 场超马赛事中登上领奖台……

与标准马拉松赛事相比，超马赛事更像是在挑战人类体能极限，在一次次漫长的超马经历中，布雷茨将他所获得的启迪收集整理，并与那些听上去是如此不可思议的神奇赛事一起呈现在我们面前。

当然，对于绝大多数人、哪怕是长期保持有氧运动习惯的人来说，超马都是一项看上去如此遥远甚至有些令人恐惧的运动。就我本人而言，尽管迄今为止已经跑过 200 多场马拉松，但参加过的单次跑步里程超过 50 公里的超马赛事也屈指可数。

就在今年春节后，我恰好挑战过一次长度超过 200 公里的超马赛事——北京六环跑（全长 206 公里）。这场赛事让我深刻理解了超马的魅力：它需要的是跑者将肌力、耐力，以及心力相结合；它要求跑者制定周密的阶段策略：关注当下、忘记过去；它塑造出了一种运动家精神：控制—调整—不放弃。最终，它真的会改变每一个从超马中感受到快乐与成就感的跑者的大脑。每一次的极限式的长跑，都是一场大型的脑力训练。

因此，如果你已经跑过很多场全马赛事，想要发掘身体更深层的潜能，那么，超马将是一次非常有益的尝试。它将让你知道自己身体的极限在哪里？当你对于

推荐序一 激发属于自己的神奇时刻

里程的概念逐渐模糊之后,你更在乎的一定是身体的持久性、耐受性。与标准马拉松赛事的固定里程相比,超马的长度和赛道,都没有明确规定:可以是公路,也可以是山野,可以是双倍于标准马拉松的长度,可以是 100 公里,200 公里,甚至更长!超马的魅力就在于人类对极限的不断突破与追逐。

这本书的英文原名是 *Turning Right: Inspire the Magic*,原意为"右转:激发魔力",作者将"右转"的理念穿插在书的很多片段中。"右转"是克服身体、心理和职业上的挑战,为了目标倾其所有,一次次突破、摆脱那些阻碍梦想达成的自我限制,拒绝所谓的"合理",重塑所谓的"逻辑"。换言之,"右转"是不走寻常路,一次次创造神奇的时刻。

我在阅读间隙总会下意识地思考:到底"右转"的核心要义是什么?

其实,从我十年前最初接触马拉松运动时,生命已在不经意间"右转",之后这些年里,我一次次地"右转",一次次地挑战那个走在直道上的自己。"右转"就是强迫自己离开那条可以一眼看到结局或终点的舒适大路,去寻找生命中更加精彩的非凡意义。

改变自己,是很多人都有过的想法。但是改变绝非一闪而过的念头,而要有持之以恒的劲头。安于现状,活在舒适区中的人,很容易丧失斗志和对生活的热忱,固步自封,越来越懈怠、散漫。有些时候,多逼自己一把,去不断突破自己,敢于面对未知生活的挑战,去创造属于自己的奇迹,才能更好地实现自我。

人要愿意和敢于去做自己恐惧的事情。这是一种心态,战胜恐惧最好的办法就是面对恐惧。这也正是当初我决定在冬日凌晨 5 点的寒风中,在北京六环路上开启一场超马挑战的初心所在。

回想起出发时的自己,当然会有兴奋,有期许,有昂扬的斗志,但不可否认,

长跑启示录   Turning Right

作为一个从未尝试过如此长距离超马赛事的跑者,我的心中不可能没有畏惧。

有过那段六环路上挑战的经历,我也更加能理解这本书中描述的很多细节,诚如本书英文副标题,它的潜台词就是:"人的一生中,如何才能拥有创造神奇的魔力?"

要想拥有这种能力,首先,你要学会"右转"。

标准马拉松也好,超级马拉松也罢……各种挑战人类体能极限的运动,究其根本,它们绝不仅仅是一项运动,更是一种对待生活的态度和生命哲学的外延。

愿你在读完这本书后,也能从运动中找到属于自己的生命启示,享受生命的旅程。

推荐序二

跑出最好的自己

迪恩·莱纳德（Dion Leonard）
全球畅销书《寻找Gobi》（*Finding Gobi*）作者

现在已经过了午夜，我已持续跑了17个多小时，却还没有跑到比赛的半程。这是一场全程长约350公里的不间断超级马拉松赛，赛事组织者十分幽默地将这场比赛称作"令人精神错乱的200英里西部赛"[①]，用词可谓十分贴切。我们沿着西澳大利亚州比布门山道在各个目标点之间艰难跋涉。当组织者的幽默和残酷现实相遇时，两者间的落差不仅会让我们全体参赛者陷入"精神错乱"的状态，还会让我们累到筋疲力尽，这是参加澳大利亚任何其他赛事都无法经历的。

穿过大澳大利亚湾旁边起伏的沙丘时，我不断地给自己打气。时不时有毒蛇在我面前爬行，每隔几

---

① Delirious W. E. S. T. 是一项在澳大利亚西部举行的超级马拉松赛，总距离大约218英里，约合350公里。"英里"是英制单位，除了在比赛名称中使用外，在本书其他部分作为计量单位使用时，均换算成国际通用计量单位。——编者注

米，我就需要躲避一次赫然出现在眼前的蜘蛛网和上面的蜘蛛。我并没有清理它们，而是故意将它们留给紧跟在我后面的参赛者，他头灯的光束一直在远处晃动。

我后面的参赛者名叫凯·布雷茨。此前我从未听说过他，这也是他第一次参加此类超长距离的马拉松赛。我们在比赛前一天举行的交流会上结识并简单交流了几句。由于之前我跑过 3 场 350 公里以上的比赛，所以他问我是否可以传授一些经验。聊天时，我看得出凯对即将到来的挑战持有积极的态度。在对如此漫长的距离有清醒认知的情况下，他仍抱有不惜一切代价完成比赛的决心。

当时我告诉凯，我的经验就是不要受他人干扰，并制订好睡眠计划，最重要的是，从身体上和精神上去享受这次未知的冒险。但在比赛当下，我想的却是：这位新手是如何将我逼到这般田地的？无论怎么跑，我都感觉他一直紧追在我后面，甚至离我越来越近。虽然凯对此次比赛的赛程并不熟悉，但他表现出来的动力、决心和使命感将他不断推向自身的极限。这让我不禁想要在比赛结束后深入了解他。但眼下，我们正处于你追我赶之际，我必须集中精神全力跑步，以免被他赶超。

在比赛结束后的那几天，我和凯聊起在赛道上发生的事情，他对我说："世界上有很多事情我们无法控制，但我们可以选择自己的态度和心态。"凯的独特能力是，在压力之下坚持按照计划完成比赛，并保持对比赛过程而非对比赛结果的控制。此外，凯还向我讲述了一个故事，他在某天突然右转的决定永远地改变了他的生活：多年来，他在离家出门时总是习惯性地向左转，有一天他突然决定向右转，自此踏上全新的旅程，那一刻也永远改变了他的生活和心态。

在西澳大利亚州完成 350 公里的超级马拉松赛仅仅几个月后,凯决定再次"右转",继续挑战自己、寻找新的天地。通过"右转",凯成为 24 小时世锦赛有史以来跑得最快的澳大利亚人,随后他又获得了澳大利亚年度最佳表现奖。而所有这一切,都源自一个"右转"的简单决定,一个我们所有人都可以做出的决定。

如果你没有勇气和信心去"右转",宁愿日复一日、得过且过,也不愿去挑战自己,不愿去寻找新天地,频频错过生活给你带来的机会,那你的生活又将是怎样一副光景? 2016 年,我参加了穿越戈壁沙漠的 250 公里马拉松赛,我一心想着赢得这场比赛,但在途中却发生了一件特别的事情:我在比赛中停了下来,只为帮助一只流浪狗渡河。那一刻是我人生的"右转"时刻,永远改变了我的生活。如今无论我做什么事情,都会回想那一刻的决定。如果我一如既往地重复习惯性的决定,而没有尝试不同的选择,那么至少我就无缘写下这篇文章了。

超级马拉松跑(简称超跑)的经历让我对自己有了更加深刻的认知,让我变得更加强壮,也让我学会了如何适应极端压力。这些经验和教训不仅能使人在运动方面获得提升,而且对改变生活和提升领导力而言同样大有裨益。无论是在日常生活、领导力管理、商业运作还是在田径运动方面,如果你想成为最好的自己,《长跑启示录》都能引导你获得无法想象的非凡成就。

前 言

挖掘内在"魔力",转向新的自我

> 我们倾向于认为西西弗斯是一个悲剧英雄。因为众神罚他每天将一块沉重的大石头推到山顶……然而,他没有意识到,在任何时候他都可以选择朝旁边迈一步,让大石头滚至山脚,然后回家。
>
> ——斯蒂芬·米切尔(Stephen Mitchell)
> 美国著名译者、作家

湿衣服黏在身上,我不禁浑身发抖,此刻已近午夜。无须睁开眼睛,我就知道,最糟糕的噩梦正要变成现实。"你还好吧?"宿舍中一个男孩问道。一切简直糟糕透了,这是一场灾难,我却孤立无援。

只差一点点我就能躲过此劫了,因为今晚是在学

长跑启示录　Turning Right

校露营的最后一晚。然而，我现在能做的就是逃到浴室。我起身离开宿舍，假装什么都没有发生，但是当我从全是尿迹的床上爬起来时，我感觉有好几双眼睛在盯着我。他们有没有注意到我的浅蓝色睡衣上湿了一块？但愿屋内太黑，他们什么都看不到。

我回到宿舍后，没有人说什么。我能做的就是尽量不引起任何人的怀疑。那一夜余下的时间里，我躺在自己尿过的床上再也无法入睡，满心都是羞愧和沮丧。其他13岁的孩子几乎都已经学会如何控制自己的基本身体机能，只有我还在尿床，这种情况再糟糕不过了。在我们这个年纪，但凡露出一点点软弱的迹象，就会遭到其他人无情的攻击。那时，我们班有一个叫朱迪思的女生，有人发现她没用体香剂，她就被大家霸凌了整整一个星期。这个年纪的孩子开始变得非常残忍，而我可能会成为下一个受害者。

第二天早上起床后，我很害怕有人将我尿床的事公之于众，说出"班上最聪明的人居然还会尿床"之类的话，但没有人这么做。可是我能感觉到同学们将目光集中在我身上，他们三五成群、交头接耳。也许，他们还把此事告诉了老师。如果可以的话，我真想立刻逃离此地。但我不能，我只能焦躁地等待露营结束，同时避免与他们有任何眼神接触。当我们终于坐上回家的校车时，我预想中的"公开处刑"仍迟迟没有开始的迹象。那一整天，都没有人提这件事。

接下来的一个星期，依旧没有人说什么。几个星期之后，我才意识到，我奇迹般地逃脱了此次我能想到的最严重的屈辱事件。然而，我的挫败感却越来越强烈，每隔几个晚上，我就会尿一次床。没有人能帮得上忙。医生说的"长大了自然会好"之类的话，在我听来全是谎言。雪上加霜的是，我父亲不停地以此嘲讽我："孩子，你在新婚之夜肯定也会尿床。"这对他来说是件相当有趣的事。

前言 挖掘内在"魔力",转向新的自我

在学校露营结束几个月后的某一天,我躺在床上看书,这本书讲述了一个患癌的小男孩如何与死亡抗争的故事。虽然小男孩的情况远比我的情况要严重,但我能够体会到他的感受。陷入绝望之境是孤独的,总有那么一刻,你不得不选择放弃。

但书中的小男孩并没有放弃。相反,他自创了一个意念游戏。在这个游戏中,小男孩能够指挥一艘幻想中的微型宇宙飞船,他驾驶这艘宇宙飞船在他的身体里穿行,摧毁遇到的每一个癌细胞。就像睡前刷牙一样,他养成了每晚睡前玩这个游戏的习惯。一天,医生给他带来一个出人意料的消息:他的肿瘤越来越小了。几个月后,小男孩痊愈了。

这正是解决我的烦恼的答案。如果这个小男孩仅凭自己的意念就能够治愈癌症,那我也能够做到。如果尿床的毛病源自心理问题,那我肯定也能用意念解决。我坚信这就是能让我摆脱痛苦的办法。"我不会再尿床了。再也不会。"对自己的信任就是答案。相信自己,我便能做到任何事情。

然而,铿锵的誓言刚一出口,我的内心就立马响起一个怀疑的声音。这个微小的声音反驳道:"如果那个小男孩根本不存在呢?如果这个故事是作者瞎编的呢?如果小男孩之所以痊愈并非因为他的意念游戏呢?"这些反驳都很合理,于是我的信念开始动摇。这个方法没有用的,我一下子泄了气。

但尿床带来的痛苦令我厌倦至极,我愿意相信任何办法,办法再愚蠢也无所谓。直觉告诉我 如果无法摆脱恐惧,那就带着它踏上旅程。我对自己说:"也许我不会马上成功,但如果再次尿床,也无须惊慌,只是可能需要一段时日的练习。坚持下去,相信自己。"我每天都这样鼓励自己。

一夜又一夜过去了,我没有再尿床。每天我都在心里默默给自己打气。

几个星期过去了，我仍没有再尿床。最后，我终于摆脱了这个令人尴尬的毛病。

我的整个人生观发生了颠覆性的变化，不仅仅因为我无须再担心"新婚之夜尿床"一事，更因为我窥见了我拥有的巨大力量。一旦窥见，我就再也无法忽视它。更重要的是，这一发现点燃了我的信心，使我想要不断探寻：如果全力以赴，那么我还能发现自己的哪些新的可能性？这些可能性并不限于我能够实现哪些目标，还关乎"我可以成为什么样的人"，甚至关乎"我究竟是谁"。

我突然明白，这些年来我一直在错误的地方寻找答案。我一直想要从外界寻求帮助或尝试习得不同技能来解决问题。然而，真正的答案就藏在我身体里，我必须转向一个新的自我。我需要做的不是学习新技能，而是抛弃旧经验。我需要的是蜕变，就像毛毛虫破茧成蝶那样。想要做到这一点，我必须抛弃自我怀疑。我必须相信自己，不再把自己当作受害者。

顿悟令我解脱，但同样令我愤怒：为什么没有人告诉我，我们内心所蕴藏的力量？我所经历的这一切，远超我的心理承受能力。我无法向人倾诉，也无从知晓我内心深处的声音究竟来自何方，我甚至羞于告诉任何人这个奇迹。

没过多久，这段记忆开始淡去。我步入了成年人的世界，成年人世界里没有神奇的际遇或奇迹，成年人将成功视作成年人版的"魔力"。凭借儿时经历带给我的"魔力"，成功变得轻而易举。我在极短的时间内就获得博士学位，并作为国际知名咨询公司麦肯锡的高级管理顾问满世界飞。但渐渐地，功成名遂带来的成就感越来越短暂，我对重新激发那份儿时体验过的"魔力"的期望以及分享"魔力"的渴望却越来越强烈。

在参加完一连串疯狂的赛事之后（我将在本书中对这些赛事进行详述），我开启了内心探索之旅，并学会了如何培养在我还是个没有安全感的孩子时拯救过我的内心之声——我的直觉。我热切地想要深入探索自己曾窥见过的神秘力量。我想摆脱对自己所设的限制，永远地、彻底地。我将面临一段可怕的旅程，我需要把自己作为一名成功超跑者和高管的经历抛到脑后，否则这些经历最终会成为我实现梦想的阻碍。当我从一名业余马拉松运动员成长为一名世界顶级马拉松运动员时，我对我自身能力极限的看法发生了转变。

但本书的主旨与田径运动或"超人"表现无关。当我们面对一些十分棘手的挑战时，无论是习得更多技能，还是借助有利的外界条件，似乎都不足以解决问题。其实，解决方案并不在外部，而在自己的内心。只有离开熟悉的世界，去拥抱未知，我们才能找到通往答案的路。其中最关键的一步正是跨入未知的门槛。迈出这一步，就意味着我们接受了转变。

我想要做的是，改变我们对自己的认知，实现我们的终极梦想。本书旨在通过改变你的思维模式，助你逐步实现个人成长，获得新层面的自我意识，从而进一步解锁你的最大挑战极限，实现你内心深处最渴望的梦想。

本书分为三部分。第一部分将讲述，当你将命运掌握在自己手中并主动改变你的生命轨迹时，你将拥有更多的可能性。作为一名管理顾问和马拉松运动员，我曾对生活感到失望，然而一个偶然的"右转"决定让我走出了舒适区，也让我对成功有了新的认知。我的人生之旅不再建立在对卓越的向往上。从"右转"的那一刻开始，我便踏上了探索"魔力"的旅程。

第二部分将阐明，如何才能释放你内在的"魔力"，从而达到新的人生高度。对我来说，参加一场接一场难度越来越大的超级马拉松赛，完成350公里的不间断超级马拉松赛，能够帮助我更有效地应对意外。

我希望通过本书的第三部分回答一个问题:"在我们一生之中,如何随时随地发挥这种'魔力'?"世界变幻莫测,组织中领导力发展和文化转型的速度也越来越快。通过提高自我意识,你就能更加游刃有余地应对挑战,并且坚信能实现自己的终极梦想。

《长跑启示录》适合那些像我一样渴望从生命中找到更多意义的人,以及有勇气去拥抱让自己闪闪发光的新生活的人。为了帮你实现自己的转型之旅,我在每章末尾都提供了一份"与自我的对话"清单,你可以借此自省、反思,从而更好地集中精力专注于内心探索之旅。

我迫不及待地想知道,你身上将会释放出什么样的"魔力"?我曾一次又一次地放弃看似合理或者合乎逻辑的选择,并一次又一次地体验到由此带来的喜悦,见证了很多人释放出非凡"魔力"。我希望本书能够激励你去找到生命中的渴求之物,实现非凡自我。

目录

推荐序一　激发属于自己的神奇时刻
毛大庆
优客工场、共享际创始人
中国探险协会百马跑者分会会长

推荐序二　跑出最好的自己
迪恩·莱纳德
全球畅销书《寻找 Gobi》作者

前　　言　挖掘内在"魔力",转向新的自我

第一部分
起跑,觉醒的呼唤

第 1 章　取消计划,来一场神秘跑	003
"追求成功",还是"避免失败"	007
做一些无法控制的事	012
第 2 章　我是我自己最大的敌人	019
右转究竟意味着什么	023
情绪控制橡皮筋	029
"起飞时刻"	034

第 3 章 找到"破"的法门   041
转向,寻找新的挑战   044
怀疑和恐惧,随着暗夜而来   047
停止思考,相信直觉   051
"点击报名",勇敢追求内心的渴望   054

第二部分
加速,一场心无旁骛的探索

第 4 章 跑向沙漠,完美的冒险之旅   059
放手一试   063
训练自己的身体,也要训练自己的内心   068
让"探险者小人"掌控大权   070

第 5 章 猝不及防的"突发测验"   075
"别担心,朋友"   079
乐观的"倒霉蛋"准备好了   081

第 6 章 极限穿越,沙漠的洗礼   085
第一天,接受所有突发的意外   088
第二天,放下恐惧,放下理性思考   094
第三天,管理压力,专注让我们坚持下去   096
第四天,放弃掌控,全身心地沉浸在当下   099
第五天,与内心的恶魔正面交锋   103
第六天,顺其自然,发现生命未知的精彩   109

目录

第 7 章　内心的试炼，沮丧与恐惧袭来　113
　　孤立无援，那就自己采取行动　116
　　身穿国家队运动员比赛服参赛？　119
　　屡战屡败，走到"退赛"的边缘　127

第 8 章　我必须跑到终点，找到答案　131
　　奔跑，是为了认清自己　134
　　直面内心的怀疑和恐惧　140

第 9 章　跨越熟悉的边界，跑向更高处　145
　　让"探索者小人"快速成长　148
　　坦然接受不适，减少不必要的痛苦　154
　　不再过度思考，抓住自己的选择权　157

第 10 章　巅峰之下，为他人而跑　163
　　成为后援队成员　166
　　摆脱控制欲，走出谷底　169
　　挫折如约而至　172
　　"令人精神错乱的 200 英里西部赛"　175

第 11 章　攀登新的高峰，为自己奔跑　179
　　从挑战赛道，到挑战职场　182
　　找到意识的突破口　185
　　漫长冒险来临的前夜　188

第 12 章　再次踏上未知的征途　193
　　第一天，与"好胜小人"斗争　195

第二天，"探险者小人"终于苏醒　　199
第三天，天人合一　　204
第四、第五天，解锁不可思议的自己　　208

第三部分
完赛，释放内在力量

第 13 章　在失败的深渊找到成长的种子　　217
谁是真正需要改变的人　　220
再次挑战"国家队"资格　　223
记住：一切始于内心　　227
终极备战　　230

第 14 章　克服深层的恐惧　　233
"战斗"还是"逃跑"　　236
只有竭尽全力，才能熬过黑夜　　240
面对不祥的预言　　245

第 15 章　彻底改变潜在信念　　251
展现自身的脆弱　　254
在夜跑中找寻被隐藏的自己　　259
放下过去，重新启航　　261

第 16 章　在世界的舞台上实现自我　　267
在世锦赛的跑道上飞翔　　270
"据理力争"　　273

挥别自我设限的过去	276
关键在于去"存在"	280
走向下一个转折点	283
后　　记　你永远都拥有选择权	**287**

TURNING RIGHT

INSPIRE THE MAGIC

第一部分

起跑,觉醒的呼唤

一片树林里分出两条路,
我选择了人迹更少的那一条,
从此决定了我一生的道路。

——罗伯特·弗罗斯特
（Robert Frost）

TURNING RIGHT

INSPIRE THE MAGIC

第 1 章

取消计划,来一场神秘跑

如果计划得过于周密，就不会给机会留下任何余地。

第 1 章　取消计划，来一场神秘跑

> 遗憾的是，由于我们不愿意在学习和改变中暴露自己的弱点，因此能够让我们有效发展领导力的方法常常无法落实。
>
> ——罗伯特·安德森（Robert Anderson）、
> 　　威廉·亚当斯（William Adams）
> （TLC 公司和 FCG 集团创始人、CEO）

外面还是一片漆黑，其他人都还在睡觉，我却偷偷溜出培训驻地。我全身湿透了，这滋味可不好受，但我已经习惯了在黑暗中奔跑。在大雨中穿过山丘和陌生的街道，并不是一件有意思的事。然而，我必须在 6 个月内将身心调整到最佳状态。

我已经有两年未见家人了，因此这趟重返德国的旅程有着非凡的意义。但更令我激动的是，我将参加柏林马拉松赛，当我穿过勃兰登堡门抵达终点时，无数观众将为我欢呼。从高中开始，我就喜欢跑马拉松。在麦肯锡担任管理顾问期间，我一直非常怀念可以跑马拉松的日子。这次比赛，我不仅有机会再次突破自己，还可以回德国参赛。

长跑启示录　Turning Right

在麦肯锡，我每星期的工作时长长达 100 小时，还要频繁出差和倒时差，于是我跑步的爱好不得不暂时搁置。一直以来我都知道，如此大量的时间和精力的投入是为了拥有一份体面的工作。事实上，这份工作也的确给我的职业发展带来了许多难得的机会。离开德国时，我的工作经验使我获得了一家大型超市的高级管理职位，办公地远在地球另一端的澳大利亚墨尔本。我不再像担任管理顾问时那般疯狂地工作，重燃对跑步的热情也让我整个人精神焕发。跑步使我保持清醒，我喜欢晨跑时自由自在的感觉，晨跑也逐渐成为我日常生活中必不可少的一部分。可惜，后来我需要管理部门和处理日常运营事务，这令我无暇再坚持每天晨跑。

同事们经常问我如何挤出如此多的时间来跑步。我回答说，不谈恋爱为我省下不少时间，当然还有其他原因。跑步对我来说不是浪费时间，相反，不跑步会让我状态欠佳。当我偶尔懈怠一天，不去跑步时，我的工作效率反而会下降。甚至我的团队都注意到，我需要靠跑步来维持工作和生活的平衡。我越坚持跑步，生活的各个方面也就越有条不紊。

黑夜里，我在大雨中奔跑，并再一次迷失在自己的思绪里。晨跑即将结束，但我还需跑完最后一座山丘。和讨厌在大雨中跑步一样，我同样讨厌登山跑。跑山丘的感觉糟透了。整整一个星期，我别无选择，只能坚持跑完一座座山丘。我很期待回到日常工作中去，但我仍需和同事们在这里多待几天，完成培训课程。此次培训以"激发魔力"为主题，很好地总结了公司的下一个宏伟愿景。

此次培训究竟是有效的，还是纯属浪费时间，我尚不能确定。尽管多年的组织重建已经显著提升了我们公司的市场表现，但此过程似乎是以牺牲企业文化作为代价的。对我而言，这份工作与振奋人心毫不沾边。我觉得，必须有足够的"魔力"，才能重振员工士气，提高团队成员参与度。但我们的大部分精力都消耗在开会上,并且似乎与会人员的级别越高,会议上剑拔弩张的气氛就越强烈。

对于任何员工来说,最糟糕的经历莫过于参加董事会会议,并目睹一幕幕大喊大叫、拍桌子瞪眼的场景。当某位领导按下会议室玻璃幕墙按钮,会议室的大玻璃墙逐渐变色时,无疑是会议气氛开始紧张起来的最明显标志。下一刻,透明的"鱼缸"变成了不透明的"隐蔽之处"。虽然开放式办公区的员工无法目睹里面的情景,但其实每个人都心知肚明。

这不禁让我想起少年时代,每当父亲开始暴怒,母亲都会赶紧将家里的所有窗户都关严。如此一来,街坊邻居就不会知道我们家的"家丑"。到了如今这般年纪,我原以为自己不会再成为暴怒情绪的受害者,却没料想,成年高管们居然也需要容忍如此骇人的场面,容忍独断专行的行为。我十几岁的时候就认识到,忍气吞声、不断退让是下策。当我为母亲和自己挺身而出后,家庭里的暴力行为也随之停止。

"追求成功",还是"避免失败"

如果不找到重振企业文化的方法,我们将会倒退到更加晦暗的时期。从很大程度上来说,公司目前的经营方式属于独裁式管理,虽然这在短期内确实可能有助于加快决策的速度,修复业务基础。然而眼下,员工的高流动率及员工不敢甚至无法表达意见的现状,将使公司脱离可持续发展的轨迹,这和董事会对我们的期望相悖。为带领我们公司进入下一个转型阶段,整个领导团队需要学习如何挖掘自身"未知的关键技能"。因此所有董事都参加了"激发魔力"的培训课程。然而,到目前为止,我尚未看到有多少位董事真正改变他们的行为方式。眼下,所有的期望都落在我们管理层身上。

整个培训课程的内容非常不错,但最高管理层如果没有做出榜样,那么公司转型的计划注定会失败。我当然不会永远忍受不良的工作环境。不仅公司迫切需要改变,我也需要,但我感到自己陷入瓶颈期。公司身处价格战中,而我负责为商品和服务定价,提供高价值的商品和顾客服务。虽然相当不易,但我对这类任务已驾轻就熟,不至于为此夜不能寐。我个人的学习曲线变平了:我面前没有难度合适的挑战,并且有生以来我第一次感到自己无须全力以赴。

我渴望拥有更多的活力。我发现自己越来越难找到那种处在世界之巅的感觉。我的同事会说我对生活的期望太高——我已经拥有一份令人羡慕的工作、领导的器重和丰厚的薪水,除此之外,还有什么好渴求的呢?这难道还不够成功吗?我甚至每天有时间坚持运动!言下之意,我该知足了。

即便如此,我仍深感身处困境。这些成就无法给我带来持续的满足感。甚至在我取得一些成就的当下,满足感就会立马消失。没错,我是取得了一些成绩,但我缺乏满足感。每次当我攀登上更高的山峰时,我都会意识到这并不是我最初想要的结果。然而,除了在工作和运动中不断突破自己,我还有其他选择吗?没有。因此我自忖需要加倍努力,期待着下一个高峰能令我感到满足。有前进方向总好过茫然无措。除此之外,我不知道还有什么其他方法能够重新点燃我生命中的"魔力"。

我再次迷失在自己纷乱的思绪中,甚至没有注意到已经跑完了最后一座山丘。我只得将自己的迷茫暂且搁置一边,赶回会议中心,刚好来得及快速冲个澡,并在开始新一天的培训之前吃点早餐。今天的培训课程看起来很不错,有一位令人期待的嘉宾将为我们带来一场演讲,此次演讲也是本周培训课程的重头戏。

演讲嘉宾是加文·弗里曼（Gavin Freeman），他的履历令人印象深刻。除了担任商业培训师外，他还曾在夏季奥运会、冬季奥运会和残奥会上担任澳大利亚国家队的运动心理学导师。尤其值得注意的是，在2000年悉尼奥运会举办期间，射箭队运动员的心理训练正是由他负责的。射箭运动员西蒙·费威瑟（Simon Fairweather）在此次奥运会男子个人射箭项目中获得金牌，弗里曼功不可没。

这不禁使我想起在悉尼奥运会举行的那几个星期，作为一名体育爱好者，为了能够观看比赛直播，当时住在德国的我不惜改变睡眠习惯。我依然记得，当德国田径运动员尼尔斯·舒曼（Nils Schumann）在男子800米赛跑中出人意料地获得金牌时，我激动得在客厅里跳跃、欢呼。现在我很想知道，在面对体育场里成千上万欢呼的观众以及电视机前世界各地关注赛况的观众时，运动员赢得金牌需要何等强大的心理素质。因为管理这种程度的心理压力已超我能力范围，而如果能练就这种程度的心理素质，将给我带来极大的帮助，无论是在跑马拉松还是管理部门方面。

那天早上，培训课程最初的几个部分没什么意思。熬了几小时之后，弗里曼终于出现在我们面前。他的演讲以身心健康为主题，随后他和我们讨论了如何通过更好的自我引导来增强领导力。然而，请他来讲这些老生常谈的内容，无异于"杀鸡用牛刀"。简而言之，他的建议包括保证充足睡眠、适量运动及均衡饮食。我完全赞同他的建议，但这些演讲内容并没有什么新意。即使不是运动员，也知道这些基础知识。我不耐烦地看了看时间，弗里曼此刻已变成了挡在我们午休时间之前的"拦路石"。

一想到午餐，我就更觉得讽刺。我们在课程上谈论健康饮食，然而餐厅里等待着我们的午餐又是什么呢？一份搭配并不健康的三明治，枯燥乏味的配菜，上面洒满了蛋黄酱，这种调味品我连碰都不想碰。早餐和晚餐虽然也并没有多健康，但至少还算美味。我想象着，如果午餐有一大盘我最爱的芝士意面，那将是多么幸福的一件事。虽然我每天都在吃，但怎么也吃不厌。

"凯，你在听吗？"引导员终于不再将我的名字"凯"读成与"day"押韵的发音，那样听起来就像一个女孩的名字。现在，他知道我名字的正确发音是"凯"了，与"sky"押韵。① 我的父母是德国人，他们未曾料到，当他们的儿子来到说英语的国家时，他们给这个男孩取的名字会经常被人读错。这些年来，我都已经习惯了。

引导员向我这边走来，问道："你有问题要问弗里曼吗？"我沉默了很长时间，以至于大家都开始小声议论起来。还好，一位同事帮我解了围。她问弗里曼，在奥运会上，影响选手输赢的是什么，为什么一些有望获胜的选手会在比赛时发挥失常？弗里曼听到这个问题后，一下子就进入了状态。我能感觉到，这个问题触及他极擅长的领域。可能在此之前，当他讲述如何保持身心健康时，他对那些基础知识同样感到十分无聊。顿时，他的精神为之一振，全身闪耀着奥林匹克精神的光辉。随后，弗里曼向我们证明了，高价请他来演讲的确是值得的。

弗里曼解释了参赛选手间的心态差异将会如何影响他们的比赛成绩。我们每个人都可能拥有两种截然不同的动力。一方面，我们可能会努力战胜挑战，专注于比赛过程，尽力而为。在这种心理的驱动下，一切皆有可能，弗里曼称之为"获得成功的动力"。另一方面，我们可能会集中精力规避负面结果，弗里曼称之为"避免失败的动力"。当实力不相上下的选手相互竞争时，输赢便将取决于他们的心态。有的种子选手在比赛中发挥失常，很可能

---

① 作者的名字"凯"在英文中发音为 /kai/，与"sky"的发音押韵，引导员将其误读成 /kei/，与"day"押韵。——编者注

第 1 章 取消计划,来一场神秘跑

就是因为无法遏制内心的恐惧。也就是说,他们比赛的动机是"避免失败",而不是"获得成功"。弗里曼总结:优秀运动员和卓越运动员之间的关键区别就在于他们能否在压力下保持稳定的表现。

弗里曼的话唤醒了我身体中某些沉睡已久的东西。有那么一刻,我开始用全新的视角看待生活,我闻到了空气中冒险的味道,而不再受困于当下固定的生活模式。精英运动员们通过不断锻炼自己,来克服困难、迎接挑战。我多么希望成为他们中的一员。虽然并不是每个人都喜欢延迟满足,但我依然认为,只有经历过前期的艰辛之后,成功的滋味才会更加甜美。但我的驱动力又是哪一种呢?是"获得成功"还是"避免失败"?同事和朋友们一直认为我是一个积极的人。这么说来,我就是以"获得成功"为驱动力的人吗?

弗里曼还提到一种"一切皆有可能"的神奇感觉。我知道那种战无不胜、不受限制的感觉。当弗里曼继续深入解释这一概念时,我越发意识到,自己的心态随着时间的推移发生了极大的变化。比如最初,在我刚刚接触马拉松时,我只想挑战自己的极限。而如今,跑步主要是为了满足我对取得个人最佳成绩的渴望。我甚至不允许自己犯错,一切都需要做到尽可能完美,无论是制订训练计划、训练方法,还是规划比赛路线、查询天气状况等。见机行事、碰运气是不存在的,我需要掌控好自己能想到的每个细节。我猛然发觉,我将太多精力花在了"避免失败"上。

在培训前我参加的那场马拉松赛中,我将全部精力都集中在创造新的个人最佳成绩上。赛后第二天,一位同事给我泼了一盆冷水:"拼死拼活就为提升 9 秒的成绩吗?"在他看来,运动重在参与,结果并没有那么重要。而我认为,胜利就是胜利。他没有意识到我坚持跑完全程需要极大的毅力,这令我感到失望。虽然比赛结果可能无法超越比赛本身,但我认为,我完全可

以将比赛时的心态用到任何场合，包括工作上。但同事有一点说得有道理，我的能力终归是有限的，我很快就不能指望成绩能继续提升了。即将到来的瓶颈期令我感到畏惧。有没有可能我的驱动力其实是"避免失败"？纵然我付出了很多努力，但或许我根本没有成为卓越运动员的潜质？

幸运的是，培训课程结束了，也打断了我的种种负面想法。每个人都迫不及待地冲去吃午饭，而我留了下来。我向弗里曼做了自我介绍，然后我们就体育运动进行了简短的交谈。我告诉他，我正在为参加柏林马拉松赛进行训练，而且我也很想针对这项赛事，做一些心理上的训练来调整自己的心态。此前，无论是在运动中还是在工作中，我都从未遇到过有人在调整心态上付出过任何努力。而弗里曼指出，如果想成为一名卓越的运动员，那么心理训练和心态调整是必不可少的。

为了让我尽快开始，他提出送给我一本他的书——《商业奥运选手》(*The Business Olympian*)，在这本书里，他阐述了自己如何将从卓越运动员身上学到的经验运用到商业管理中。他还说，如果我有任何问题都可以随时联系他。这个提议未免也太慷慨了！我不得不承认今天上午还是收获颇丰的。也许弗里曼的书里还揭示了跑得更快的秘诀？我惊讶地发现，自己对书中商业管理内容的兴趣远不及对田径部分的兴趣。

做一些无法控制的事

我突然像打了鸡血一般，后续的事情也进展得十分迅速。当我结束培训回到家时，我发现弗里曼不仅电邮给我一份《商业奥运选手》的电子文档，还约我喝咖啡小聚。幸好在喝咖啡之前我可以利用周末读完他的书，提前做些准备。可以说，那本书我不是读完的，而是如饥似渴地"吞"完的。我感觉一个新世界的大门正在我面前开启，一切都与我的认知大不相同，我不得不反复阅读这本书，以更好地理解其丰富内容。

一个星期之后，我提前下班去咖啡馆见弗里曼。那天下午的风越刮越大，我穿着单薄的衬衫坐在咖啡馆外的露天区域，冷得发抖。要是弗里曼能选一个更安静的地方就好了，放学的学生们成群结队地从附近的火车站涌出，甚至有几个学生在经过时撞到了我们的桌子。咖啡馆的工作人员也不太热情，告诉我们在关门之前，只剩喝一杯咖啡的时间。

然而，在我们周围发生的一切似乎未能干扰到弗里曼。他很好奇我是怎样的一个人，好奇为何我这样的企业高管会如此痴迷于马拉松。我想一定是我对体育运动的热情打动了他，因为在我们仅仅交谈了几分钟之后，弗里曼就突然主动提出，他想在即将举行的柏林马拉松赛中对我进行指导训练。他将帮我体验"优秀"和"卓越"之间的区别。我不仅能学习到他曾传授给奥运选手的知识和经验，还能更加游刃有余地应对压力情境。

我简直中大奖了。一位运动领域的专家，对我的运动热情产生了兴趣！有了他的帮助，我对在柏林马拉松赛中再创佳绩简直是势在必得。更意外的是，弗里曼甚至决定此次指导分文不取。他只是说："有时，我们需要提前付出。付出终有回报。"弗里曼曾与很多希望转型成为商业人士的精英运动员共事，这一次他决定反过来，帮助一位商业人士提升运动技能。而我所要做的，就是把我的方案写下来，然后他以此为基础加以完善。写方案对我来说简直是小菜一碟，毫不谦虚地说，制订计划方案，我可是行家里手。

我兴奋不已，在接下来的一个星期结束之前，弗里曼的电子邮箱就已经收到我长达 12 页的详细计划。那是一份我引以为豪的杰作，因此我像个等待圣诞节来临的孩子那般，迫切地想要收到他的答复。然而情况并不如我所料。

几天后，弗里曼给我发了一条短信，将我拽回现实。这条短信让我感觉他对整件事情的兴奋程度远不及我。他只淡淡地说："凯，我们最好面对面沟通下。我不想让你误解我的意思。"天啊！看来他有坏消息要告诉我。

我尽全力想要找出这份计划中的缺陷，结果却是徒劳，只能焦急地等待下一次的面谈。这一次我们约在上班前一起吃早餐，地点定在"商人协会"（The Merchants Guild）餐厅，后来这里成为我们经常碰面的地方。这家餐厅提供更多私人空间，我们可以促膝长谈，而且菜单上的菜品都是原创的。我们享用的早餐超级美味，现煮的印度奶茶也十分可口。

那天早上，弗里曼还处在半睡半醒的状态，看上去就像刚起床。在一杯浓烈的澳式黑咖啡下肚之后，弗里曼依然没能给出我期待的答案。我听到他在侃侃而谈，却无法理解其意，因为这些话语在我听来根本说不通。他对我的评价是："你计划得过于周密，没有给机会留任何余地。"显然，我费尽心血制订的计划对其他人来说都将十分合适。它堪称完美，我想。不过，就是不适合我。

弗里曼的直觉告诉他，我的计划没有留给我任何余地应对突发状况。虽然公路马拉松很少出现突发状况，但根据他的经验，每场比赛都会有一些意外事情发生。他怀疑我并不擅长处理突发状况，无论是在运动领域还是在商业领域。弗里曼也意识到他无法将自己的意思表达清楚，但他没有做进一步解释，只是请我相信他和他的直觉。

计划过于周密？什么意思？我之所以拥有现在的一切，正是得益于此。正是由于计划周密、严格执行，我才成为一名优秀的马拉松运动员。现在，弗里曼甚至无法将自己的意思解释清楚，还指望我相信他？那些他指导过的奥运选手恐怕不是我这般待遇吧。然而，我没有就这一问题细究下去，因为接下来的谈话变得更加糟糕。

弗里曼没有在讨论如何修改我之前的计划上浪费时间，他完全抛弃了那份计划。显然，如果我的目标是想从优秀迈向卓越，那份计划可以说是毫无益处。我希望找到另一个谈话切入点，但弗里曼对节奏训练、间歇训练或长跑通通都不感兴趣。他说，跑步训练只是进入比赛的入场券及必须打牢的基础，因此这些都是属于我自己的任务，而他的任务，是对我进行心理训练。突然间，他兴奋起来，整个人似乎终于完全清醒过来。他说："凯，你必须做一些你无法规划行程和进度的跑步训练。"

弗里曼一下就抓住了关键。如果我不规划跑步训练的行程和进度的话，那我还有什么可规划的？弗里曼仍在滔滔不绝地谈论比赛中可能出现的意外情况和风险，讨论我有效应对突发状况的能力。他说我的弱点在于我的控制欲。他不断重复着这些观点，最后提议道："你不如请一位朋友带你做一次跑步训练，前提是让他不要告诉你任何具体计划。你要做的就是跟着那位朋友跑，他怎么跑，你就怎么跑。"

我的脸色肯定因惊吓而变得煞白，唯一能给出的回应就是："你是说神秘跑吗？"这正是弗里曼的意思。我只需要跟着跑，如果带跑的朋友加速，我就加速；直到朋友放慢速度，我才可以减速。而整场训练究竟跑多久，究竟何时加速何时减速，全部都由带跑的朋友来决定。缓慢步行和快速冲刺之间的任何速度都有可能；整场训练可能只持续5分钟，也可能要持续几小时。在整个跑步过程中，我都对进度一无所知，整个过程完全不由我来控制。对我来说，这听起来像是种折磨。

弗里曼越讲越兴奋，我的恐惧也逐渐被好奇心取代。我想到，我的朋友科里是这场神秘跑的理想搭档。我们是最好的朋友，周末也经常一起训练。

长跑启示录　Turning Right

早餐结束后，我就立刻给科里打了电话，并告诉他弗里曼的建议，此举令我后悔莫及。意料之中，科里认为这个建议好极了，而我也因此彻底失去脱身的机会。那天早上，我凭一己之力就让两位先生心情大好。第一位自然是弗里曼，他对自己的计划十分满意。临别时，他喜笑颜开地祝我好运。第二位是科里，他得知自己居然有如此机会能使劲折磨我，就忍不住笑出声来。我觉得自己被骗了。等反应过来时，我已经失去了掌控局面的机会。

刚来澳大利亚时，有人告诉过我当地的"枪打出头鸟"文化：如果你太过出类拔萃，那么被打的就是你。那几天我的大脑飞速运转，试图想出让自己熬过神秘跑训练的办法。虽然我可能擅长跑马拉松，但科里有中长跑背景，并且速度比我快得多，只要他愿意，他完全可以"跑垮"我。在神秘跑的过程中，我根本不知道自己还需要坚持多久才能获得解脱。当然，我最关心的是，什么时候缴械投降才能显得比较体面。如今看来，向弗里曼寻求帮助显然是一个错误，而选择科里作为神秘跑的搭档更是错上加错。我的痛苦成为科里快乐的源泉，我踏上了一条通往"灾难"的道路。神秘跑听起来简直就是一种折磨，很可能到头来我是在浪费宝贵的训练时间，而我原本可以利用这些时间来训练，提高自己在马拉松赛中的成绩。如今，我不仅对自己的训练做不了主，在接下来的比赛中获胜的希望也十分渺茫。取消神秘跑才是上策。

纯粹是碍于自尊心，我才没有临阵脱逃。因为此时选择放弃的话，无异于向科里承认我内心的恐惧。或许，在内心深处，我也想通过神秘跑来看看弗里曼葫芦里到底卖的什么药。在第一次神秘跑的前几天，我尽我所能做好准备。我第三次翻开了弗里曼的书，却发现整本书完全没有关于神秘跑的任何信息。看来，弗里曼显然没有向那些他指导过的奥运选手们提出过此类建议。更糟糕的是，对于如何为神秘跑做好准备，弗里曼并没有给我提供任何线索。我住在墨尔本南边的阿尔伯特公园附近，那天科里来我家准备带我去

第 1 章　取消计划，来一场神秘跑

训练时，我既紧张又焦虑。科里满面笑容的样子和上次弗里曼与我在早餐后分别之际喜笑颜开的样子如出一辙。这两个家伙以我为代价收获的快乐未免也太多了点。

毫无疑问，避免失败是我做事的唯一动力。我依旧在为究竟该何时放弃而苦恼，我感觉自己如同坐上了一辆过山车，焦虑感随着过山车缓缓向上攀升而逐渐增强。然而，这趟过山车对我来说毫无乐趣可言。科里将他的随身物品放在我家厨房，然后带头向外走去。没时间祈祷了，神秘跑训练已经开始。科里依次走出前门、防蚊门，穿过门口的小花园和花园大门，然后向右转去，我紧随其后。

与自我的对话
TURNING RIGHT

- 什么能为你带来快乐？什么能让你充满活力？
- 你愿意为追寻这种快乐付出多大努力？还是说，你认为自己应该满足于现状？
- 你一生的梦想是什么？
- 你上一次跳出舒适区是什么时候？

TURNING RIGHT

INSPIRE THE MAGIC

第 2 章

我是我自己最大的敌人

当我们不再坚持惯常行为模式时，
便打开了通向未知可能性的大门。

第 2 章 我是我自己最大的敌人

> 当肆意破坏的能力与创造性技能相结合时,将会产生最大威力。
> ——蒂姆·哈福德(Tim Harford)
> 美国经济学家、记者

我在阿尔伯特公园附近住了将近 3 年,几乎每天都会跑步。然而,从前院出门之后,我从未向右转过。每次离开家,我都会在花园门口向左转。我甚至未曾细想过这一决定,一切只是惯性使然。我家所在的街道与海岸线平行,当我左转两次之后,便会到达海滨路。当然,我同样可以右转两次到达海滨路,科里就是这么做的。但在此之前,我从未想过向右转。

我没有时间进一步思考我们选择的路线方向。尽管只跑了几分钟,但我的焦虑有增无减,我浑身都感觉不对劲,不舒服。科里怀揣使命,当他的定位手表发出完成第一公里的提示时,他加快了步伐。眼前的科里与平时和我一起训练的那个科里判若两人。以前我们在早上一起训练时,他总是要花很长时间才能进入状态,而现在我们只跑了 5 分钟,他就开始以跑马拉松的速度奔跑。我紧随其后,同时大脑飞速运转:他会坚持多久?他为什么要这样对我?我早该料到会发生这种状况,也早该拒绝神秘跑的提议。我真蠢。或许，也不是没办法解决？我可以早点叫停神秘跑，或者更直接点，现在就叫停。

在我还没来得及叫停时，我竟然意外地获得了一丝喘息的机会。科里快速跑了1公里后便放慢了速度，我们沿着一条我从未跑过的路穿过圣基尔达城，路过一间间商店和一些不熟悉的住宅区街道。科里显然是想让我坐上情绪的过山车，接受精神上的折磨，在希望和绝望之间摇摆不定。眼看着我们即将进入下一个不平坦的路段，科里却领我跑入一个橄榄球场，并在环形跑道上加快了速度。他几乎是以冲刺的速度在带跑。我气喘吁吁地竭力完成了第一圈。然后，我们既没有停止也没有稍作休息，紧接着就开始跑第二圈。"科里！不要跑垮我！"我大声喊道，但他丝毫没听见。因为求救的呼声只回荡在我的脑子里，我的肺部根本没有足够的空气能让我大喊出声。一定是自尊心再次阻止了我选择放弃，不过，我的自尊心也已所剩无几。我感觉快要坚持不下去了。

幸好，我们只跑了两圈就离开了环形跑道，甚至还没跑到10公里，我们就已在往回跑的路上了。现在距我们离家还不到一小时，我很庆幸自己成功熬过第一次神秘跑训练。

科里看着我并笑着说道，他第二天要参加铁人三项赛，因此要保存体力。难怪，这就解释了为何第一次神秘跑如此轻松。然而，我很快意识到自己高兴得太早了。科里朝我家的方向挥了挥手，一边微笑一边再次加快步伐。这场神秘跑离结束还早着呢。我们继续向墨尔本港前进。

这次，科里可不会那么轻易就放过我，我们以非常快的速度跑完2公里。科里显然很享受对我的"控制"。对我来说，令我痛苦的并非跑步速度。这种速度我完全跟得上，令我痛苦的是我脑海中不断铺展开来的独白。我做着最坏的打算，但不确定究竟应何时放弃。通常，不断接近固定终点线的想法让我坚持跑完全程。我会暗自告诉自己："虽然我已经筋疲力尽，但我还可以再坚持最后 1 公里。只剩 1 公里就结束了。现在只剩 500 米了。我可以看到终点线了。还剩 200 米。到了。"

但眼下，我连终点究竟在哪都不知道，又该如何让自己坚持跑到最后？科里已摘下"面具"，不再伪装成我的朋友，这令我对他好感全无。我感到十分无助。

幸运的是，最终科里并没有全力"跑垮"我。跑完 17 公里之后，我们回到了家。我还活着。瞬间，我的不安和恐惧都烟消云散，这场神秘跑本身并没有我预想的那么难。我不确定我是否喜欢这场神秘跑，因为它有别于我之前做过的任何事情。我很感激科里，因为他并没有为难我。回顾这次跑步时，我才意识到最有意思的时刻其实发生在我们开始跑步之前，就发生在我家花园门口：迈出家门的那一刻，我向右转了。

右转究竟意味着什么

我试图理解右转究竟意味着什么。每次离开家时，我都会选择左转。随着时间的推移，我的路线开始固定化，一切行动都像是条件反射。虽然每天都可以去探索不同路径，但我始终都在选择不会出现意外、烂熟于心的路径。科里带我在门口向右转的那一刻，我感觉自己获得了某种极为重要的启示；然而结束后再回想，我依然看不出右转带来的任何益处。当我理性地回顾自己曾经的选择时，我认为坚持选择左转似乎也没有任何问题——我无数次的成功正得益于持之以恒。选择右转会让我跑得更快？这根本说不通。不过，更重要的问题是：接下来该怎么办？

当我向弗里曼汇报神秘跑进度时，他非常高兴，甚至对我在这么短的时间就能有所突破而感到喜出望外。他着实有点夸大其词，因为除了科里扰乱了我平时的跑步路线之外，什么也没有发生。我迫切希望弗里曼对这一切作出解释，但他再次拒绝了。他只说，如果我们的目标是让我从优秀走向卓越，这就意味着必须进一步提升我在压力下保持稳定表现的能力，给出解释只会阻碍我进一步提升。于是，弗里曼要求我再让科里带我跑一场神秘跑。"你就等着瞧吧。"弗里曼在挂断电话之前说。

两个星期后，在耶稣受难日这天，科里再次带我踏上神秘跑之旅。他突发奇想，将我带去一个我从未去过的地方。驱车约40分钟后，我们抵达丹顿农山脉山脚下的莱斯特菲尔德公园，这里有跑道和山地自行车道。科里知道我极少进行越野跑，于是计划来一场越野跑。我知道，他可不会像上次那样轻易放过我。眼前我们有一整个漫长周末，而科里也无须为铁人三项赛节省体力，他不会对我手下留情。没多久，我的受难之旅就开始了。在做完热身运动和几次较短的冲刺跑之后，科里逐渐严肃起来。

我们来到了一处陡峭的山脚下。眼前的越野跑道虽然只有几百米，但非常崎岖。当我们沿着下坡进行热身跑时，我差点跌倒。然后我们跑上坡，科里突然开始冲刺，我的任务则是跟上他的步伐。我们俩都在加快步伐，快速攀跑，呼吸也沉重起来。我跟得很紧，而后又突然发现自己甚至在加速。我领先科里一步，他的呼吸声从我身后传来。大概还有100米到达顶峰。我的肌肉开始燃烧，但我并没有屈服于痛苦，而是将科里甩得更远了。我率先登顶，那一刻我的感觉就像是刚刚征服了珠穆朗玛峰。我的心狂跳不止。纵然呼吸困难，但我感觉已站在世界之巅。

这才是所谓的突破！不，这不仅仅是突破，这是个奇迹！这是又一个"右转"之举。虽然此时我并不理解这一切究竟意味着什么，但我知道我已创造奇迹，迈入一片从未涉足过的领域。与我相比，科里极其擅长中距离跑，在我们参加过的越野跑和公路跑比赛中，我从未跟上他的步伐，也从未跑赢过他，我参加的唯一能比他跑得快的比赛就是全程马拉松赛。

此次跑程才几百米，我也绝非山地跑高手。相反，我极不擅长山地跑。我在澳大利亚参加的第一场比赛是在墨尔本举行的半程马拉松。那场比赛中，有两段短距离的上坡跑。一位竞争对手从我身边跑过去时，我正喘着粗气，他回头看了我一眼，说："你不喜欢上坡跑吧？"

这次上坡跑中，跑步速度超过科里的事实已令我很吃惊，更令我惊喜的是，我并没有刻意加快速度超过他，我只是跟着直觉走，这种行事风格简直不像我自己。按我原本的行事风格，我甚至都不会一试，因为我"知道"科里跑得比我快。然而这一次，好胜心和直觉掌控了我的行动。我既没有在脑子里跟自己对话，也没有评估这样做是否明智，最重要的是，我不再害怕被科里超越。最终，神秘跑的结果带来了我的理性大脑无法预测的惊喜。我做的只是集中精神全力跑步，让奇迹自然而然地发生，我感觉自己当时几乎像个旁观者。

那天早上，科里试图在跑另外两座山丘时找回他丢掉的面子，但我的好胜心已被点燃，所以在之后的两座山丘上，我都毫不留情地跑赢了他。这使科里给我冠以"山羊"的称号。仅经历两次神秘跑之后，我就已进入弗里曼在《商业奥运选手》中所描绘的新世界。那种"一切皆有可能"的感觉如同一股势不可当的力量，将我推向成功的另一个层次。我再次体验到，获得超乎想象的成就是一种怎样的神奇感觉。我之所以能够在莱斯特菲尔德公园的山丘上跑赢科里，并不是因为我的身体状况处于最佳状态。答案并不在于我的双腿，而在于我的大脑，我在脑中解锁了一些新元素。我知道"右转"和这种"魔力"之间存在某种关联，但我仍无法弄清楚其中原因。我只知道，我一直以来对自己能力的判断，在第二场神秘跑中产生了动摇。既然我能跑赢科里，那我或许还能做些什么？

弗里曼欠我一些解释。然而在后续的几星期里，弗里曼根本不联系我，所以我只能静观其变，看看接下来还会发生些什么。在一个星期一晚上，下班后，我和来自南墨尔本田径队和克罗斯比队的伙伴们一起进行训练。我们做了10组400米间歇跑，每组之间有短暂的休息时间。其实我特别害怕这种高强度的跑道训练，甚至训练还没到一半的时候，我就开始问自己，如何才能坚持到最后一组。那天晚上也同样如此，我咬牙坚持完成了最后一组。和往常一样，跑完最后一圈后，我如释重负。我在训练中已尽全力，对自己的表现也相当满意。

然而此时，教练向我走了过来，让我陪另一名运动员完成她的最后一组400米间歇跑训练。她来得晚了些，因此比其他人少跑一组。我什么都没说，陪她跑完了我的第11组。我既没有争辩拒绝，也没有想这一组并不在原计划之内，而是就这样又跑完另外一组400米。对于许多人而言，这可能没什么大不了的。但对我来说，此事非同寻常。通常情况下，我会以自己已经筋疲力尽为理由来拒绝教练的此类要求：这不公平，原计划可不是这样的。我甚至可能还会飙出些脏话来。然而那天晚上，我确定我的内心发生了一些变化。我再次"右转"了。

甚至连科里也开始指出我现在经常"右转"了。每当我不按常理出牌或表现得不像自己时，他就会提到"右转"这个词。一个星期日，在我完成一个星期的高强度训练之后，我们决定当天只进行一次简单的长跑。考虑到在接受了一星期的训练之后，我的双腿已经十分疲劳，我们决定不进行神秘跑，只慢跑大约25公里，一边跑一边聊天。出乎意料的是，当我们跑到一半的时候，科里突然反悔并加快步伐。他带着厚颜无耻的笑容，要求我提速跟上。是时候要再次"右转"了。我表示拒绝并生起气来,他没按照我们的原计划跑步。当他说我没能从之前的神秘跑中吸取经验时,我更加生气了。

科里气冲冲地跑开了,我也火冒三丈,但我依然没有加速。他总不能想什么时候来一场神秘跑就什么时候来一场神秘跑吧?!我又不是受他任意摆弄的木偶!那时,我一直想着自己的双腿有多累,因此对他十分恼火。然而没过多久,我突然意识到也许他说得有道理。我是不是又重拾旧习惯,只按照自认为明智的方式行事?如果此时我加快步伐,紧随其后呢?

我放下自尊心,追上科里。我们跑得越来越快,科里加快步伐,而我则咬牙紧追其后。我们沿着海滨路飞奔,无须言语,彼此都心知肚明:眼下就是一场较量。此次训练已经从边跑边聊的轻松跑,变成一场两个成年人之间的激烈较量。在这场较量中,我们都表现得如同幼稚的青少年。谁都不愿先放弃,不愿让对方感到满足。这场较量以我们坚持到跑回起点而告终。

事后看来,这次训练是最有价值的一次训练,面对柏林马拉松赛,它让我快速进入了比赛状态。

离我前往柏林的日子越来越近,我终于又联系上弗里曼。在"商人协会"餐厅,我们共进早餐,他看起来要比上次清醒多了。我非常兴奋,他看起来也十分欣喜。自他向我提出神秘跑的建议以来,很多事情已发生变化。此次,弗里曼终于要对这一切给出一些解释了。

在接受神秘跑训练之后,我惯常的行为模式被打破了。此前我一直很自律,也因此成为速度更快的跑者。然而由于收益递减规律,速度提升的幅度越来越小。但付出的努力是有一定极限的,我也因此走到了瓶颈。曾经的训练模式让我取得当下的成绩,现在却无法让我继续进步。尽管如此,我却依然坚持在用旧模式，完全忽略它们已过"有效期"的事实。我眼睁睁地看着旧模式带来的效果越来越有限，内心中避免失败的动力日益增强。我的自制力曾经是我的优势，也是使我取得现有成绩的主要原因，如今却成为阻碍我进步的拦路虎。我过度地发挥了自己的优势。

弗里曼神秘跑的建议使我无法继续按惯常的行为模式和条件反射来行事。我无法做出计划，无法控制自我，也无法全面筹谋。我根本不知道科里的下一步举动，因此不得不见机行事。此中诀窍就在于不再听从自己理性的声音，因为它充满自我批评、判断和既定期望。当我完全停止理性思考时，我便将信念中的不可能之事抛之脑后，体验到一种完全不同的行为模式，思想随之也达到了意想不到的高度。

弗里曼尚未说完，我已经对人的内心世界竟如此复杂而感到惊讶。为了重置信念，我必须亲身体验自己惯常行为模式存在的缺陷，而只通过理性论证来改变我对训练所持的信念，将毫无效果。这也正是弗里曼之前拒绝给出任何解释的原因。

我的亲身经历开启了重置信念的大门，我也因此找到了问题的关键：拥抱不确定性。我必须走出舒适区，应对陌生环境带来的种种不适，才能将不可能变成可能。在第一次神秘跑中，当我在花园门口右转，进入一片未知的领域时，我之前根深蒂固的行为模式就已被打破。自那以后，形象地说，我便经常"右转"。无论我是无意识还是刻意，都不再重要，重要的是每次"右转"都是一次跨入未知领域的探险。我总是将不确定性视作危险，因此需要足够的勇气才能继续前进。有付出便有回报。通过"右转"，我的思维发生极大的转变，甚至可能是一种范例式转变。

回想起我在莱斯特菲尔德的山丘上与科里比赛的情景，此前我之所以从未挑战过他，是因为我心里"知道"他跑得更快，我的理性大脑告诉我，挑战科里无异于自取其辱。主动向他发起挑战并遵从自己的直觉行事，这完全不像我平时的行事风格。"右转"的本质，意味着我无法预测结果。当我不再坚持惯常行为模式时，便打开了通向未知可能性的大门。我不再执着可预测的结果，而是踏上了一场不可预测结果的冒险。对我们任何人而言，这一发现都将使我们的心态产生变化，使我们摆脱僵化和可预测的行为模式，消除我们的恐惧，让我们充满好奇心，变得勇敢、充满干劲。当我们停止过度思考，开始遵从自己的直觉时，解决方案便会自然而然地出现，并且让我们收获意料之外的精彩表现和成长。

一时间，我觉得有许多信息需要消化领悟。如果总结成一句话，那便是：我是我自己最大的敌人。我的思维模式正是阻碍我获得非凡体验的罪魁祸首。想要见证更多"魔力"，我必须更加频繁地实现"右转"，不断去克服自己的不适应和恐惧。勇气便是我的解药。之前，我一直将主要目标放在逃避失败上，结果却陷入由此形成的行为习惯和思维模式之中。

我必须学会跟随内心的渴望，去主动迎接挑战，而不是被动地在恐惧状态下对出现的问题做出反应。对弗里曼而言，到目前为止，我取得的成绩证实我们训练的方向是正确的。而对我而言，"右转"能使我进入一个新的领域，这一切甚至远远超出了从优秀到卓越的预期目标。"魔力"与卓越是截然不同的。

情绪控制橡皮筋

突然，弗里曼的表情开始严肃起来。他提醒我更大的挑战还在后面。我不应忘记，我们的终极目标是实现从优秀到卓越的转变。在即将到来的柏林马拉松赛中，我将面临一场心理战，能否在此次比赛的压力下保持稳定发挥，是对我的重大考验。我感觉到压力在不断增加，所以此时弗里曼再次改变策略，并给我带来了另一个惊喜。

弗里曼要求我放弃追求的目标。他先是要求我不要制订任何计划，然后又扰乱我的常规行为模式，现在居然要我放弃追求的目标。弗里曼说，我只需下定决心不做任何干预，让不可能之事顺其自然发生。他指出，设定任何目标都是武断的做法，并且很可能会限制我的发挥。目标当然有一定的作用，但也有其局限性。我非常擅长设定实际的目标，但非常不擅长让事物顺其自然地发展。

随后，弗里曼表情严肃地递给我一根橡皮筋，是大多数人会扔在厨房抽屉里的廉价的那种。我刚要调侃他的这份礼物是多么"慷慨"，弗里曼解释了它的作用。他要求我在比赛时将这根橡皮筋戴在手腕上，一旦在大脑中遇到严重问题，我只需轻弹橡皮筋，问题便会自动消失。这其中并不涉及任何巫术。从心理学上来说，橡皮筋弹到我皮肤上造成的轻微疼痛，会产生一种叫作"思维阻断"的效果。如此一来，我便可以从脑中轮番上演的各种大剧中抽离，将消极情绪抛在脑后，重回正轨。

我带着弗里曼给我的最后一条建议，结束我们的聊天。他一如往常地想着不断改变现状，他建议我在接下来的跑步训练中，除了好好享受其中之外，不要抱有其他目的。由于定位手表能让我在跑完之后查看跑过的路线，因此弗里曼建议我试着在地图上跑出上司的名字。他希望我文艺一点儿，自由发挥，破例一次，以轻松的心态对待跑步。我觉得这个建议还挺傻的。

我决定自由发挥一次，但不完全采用他的建议。

第 2 章 我是我自己最大的敌人

我选择了家附近的一片街区，将整片区域中的每条街道都跑上至少一遍。从地图上看，我似乎给一条条纵横交错的街道涂上了颜色。虽然我不喜欢画画，但我对自己用双脚在地图上完成的作品感到非常满意。于是，我将我的第一张"毕加索之跑"截屏下来，发给了弗里曼。之后，我又在家附近的其他街区这样跑了两次。转眼间便到了该收拾行李去欧洲的时候了，我即将参加的柏林马拉松赛远比此类跑步训练要严肃得多。

此次能有机会回到德国，拥抱多年未见的母亲，这种感觉实在太美好了。5 岁的时候，我经常会像跳蹦蹦床那样一下子跳上父母的床，扑进母亲怀里。我会告诉她我有多爱她，还会张开小手臂，笨拙地向她比画我对她的爱有那么多。尽管自我们上次见面已过去很长时间，但我坚信母亲将会在精神上给予我莫大的支持，我还希望能够在柏林马拉松赛时观赛的人群中看到她。当然在整场比赛的大多数时候，我都必须一个人面对挑战。

当我抵达柏林并在酒店办理登记入住时，我才得知由于比赛开始得太早，酒店无法提供早餐。如果说在这几个月与弗里曼的合作中我学到了什么，那便是随机应变的能力。我当然不可能饿着肚子参赛。我说服酒店工作人员借给我一台微波炉，这样一来，我早上就可以自己准备早餐了。

拿到比赛号码牌后，我还需完成两项重要任务。其中之一是弄清如何乘地铁赶往起跑点。弗里曼告诉我，通过事先预演比赛当天早上的流程可以避免不必要的压力。我很庆幸自己这么做了，因为当我在比赛前一天下午乘地铁去往起跑点时，得知直达地铁在比赛当天需接受维修保养，于是摸清了如何乘坐临时线路抵达起跑点。我的自律总算是有了用武之地。

睡前，我还需完成另一项对我来说比较陌生的任务，那就是冥想。虽然对我来说，单纯地坐着并将精力集中到自己的呼吸上是件很有挑战性的事情，但冥想的确让我更加镇静。由于对这场比赛倾注了太多心血，我无法否认自己的压力与日俱增。弗里曼无偿给我提供了许多宝贵的建议。我的任务，是确保他的慷慨之举不被白白浪费。

此前，我从未参加过像柏林马拉松这样大型的体育赛事。比赛当天，起跑点上的紧张氛围让我不由得感叹，之前所有上班前的早起训练都值了！我有幸被安排在精英参赛者的后面，而且距离几位肯尼亚选手只有几米远。在我还没反应过来时，比赛就开始了。我简直太爱这种感觉了！

于是，我开始与 4 万名运动员一起在德国首都的街道上奔跑，街道旁挤满了观赛者。之前的参赛经历使我清楚地认识到，只有过了 30 公里之后，全程马拉松才算真正开始。30 公里以后，我必须尽自己的最大努力。

弗里曼叮嘱过我，比赛中可能会发生一些完全出人意料的事情。果不其然，我还没跑到半程，灾难就降临了。仅仅跑了 18 公里后，毫无来由地，我突然感觉胸口像是被人揍了一拳。胸口疼痛难忍，几乎令我无法呼吸。怎么回事？我以前从未有过这种经历，这太可怕了。难道是身体出现了什么危险状况？我不由得担心起自己的身体情况。

疼痛迫使我放慢了速度。继续跑了几步之后，我甚至不得不以走代跑。由于缺氧，我根本无法继续跑步，内心的恐惧感也在不断增加。这样下去，我根本无法完成比赛。难道我要放弃梦想，放弃比赛吗？我和弗里曼共赴的征途难道要以这种方式草草收场吗？

其他参赛者接二连三地从我身边赶超过去。我试着通过深呼吸减轻胸口的沉重感，然后，我突然想起弗里曼给的橡皮筋。在弹橡皮筋的那一刹那，我的注意力从胸口转向手腕，那种短暂而尖锐的疼痛居然给我巨大的宽慰。

弹橡皮筋产生的痛感来得快也去得快，并未做任何停留，还带走了我胸口上的疼痛。弹橡皮筋真的奏效了。我重新掌握跑步的节奏，也重拾希望。胸口的疼痛神奇地减轻了，一如它出现时的那般突然。不到100米的距离，我就已重回正轨。这一切似乎是大脑在故意捉弄我，但我没有时间细想。我的梦想已经复活。在接下来的24公里中，我必须集中精神，全力以赴。

距离终点线还有很长的路程，我必须把握好接下来的每一米。以前参加过的马拉松赛和这一次比起来可算是小巫见大巫了。随后，勃兰登堡门映入眼帘。最终，我以自己有生以来最快的速度完成了这场马拉松赛，将个人最佳成绩提高了2分钟，以2小时44分跑完全程。

然而，我心头产生一丝奇怪的感觉。一方面，我感到高兴和自豪，2小时44分是那几年我取得的最好成绩，我已经完成从优秀到卓越的转变，也证明自己能够在压力下保持稳定的表现；另一方面，一些消极想法却总在我脑海中挥之不去，因为此次柏林马拉松赛并未实现我暗暗期待的巨大突破。好在母亲使我重新打起精神。和她在一起，让我想起童年时因中耳炎而不得不卧床休息的那段时光。她是我坚强的后盾，无论是在人生的高峰期还是低谷期，她都能给我带来慰藉和力量。

比赛结束后，我们在柏林一家风格奇特的餐厅吃了意大利面作为午餐。那天，母亲对我的提醒使我认识到成绩数据体现不出来的道理——我取得的个人进步远比成绩更具价值，也更有可持续性。她告诉我，通过挑战自己来实现个人成长，这使我整个人看起来状态很好。的确，准备这次比赛过程本身的价值远远超过了比赛奖牌。"右转"使我受益匪浅，它不仅仅教会我如何在压力下保持稳定表现，更重要的是，我在一个熟悉得不能再熟悉的路口选择了新的方向，并自此踏上一条非凡的旅途。尽管不能确定这趟旅途通往何方，但我深知自己的心态正在转变。

幸亏有弗里曼和科里，我才能够在家乡创造奇迹。以我对惯常行为模式产生怀疑为起点，我开启了通往无数未知可能性的大门。我已经踏上一场远离舒适区的探索冒险之旅，并尝到了跟着直觉走的甜头。一旦挣脱自我限制，我的内心就仿佛有什么东西喷薄而出。当下的问题是，如果继续前进，我将会成为谁？

"起飞时刻"

我本想在欧洲多待一段时间，无奈上司只准了两个星期的假期。很快，我便又回到工作岗位上，关于柏林马拉松赛的记忆也日渐淡去。虽然"激发魔力"培训课程对我个人产生了重大影响，但就其希望扭转公司文化的初衷而言，似乎是失败的。公司董事们将其视为一项技能提升项目，而不是以增强员工集体认同感为目的。最初的公司转型计划被简化为一系列治标不治本的调整措施，提升员工内在思维的目标也被完全忽视了。随着公司高层做出的一些调整实施，员工的工作方式反而变得更糟了。

我确信我们当前需要做的，是让高层管理人员也学会"右转"，他们和曾经的我一样，日复一日地坚持走老路，搞砸了自己制订的企业文化转型计划。想要改变一个打心眼里不想改变的人，这有可能吗？

我试图避免常规行为模式的魔爪再次将我擒住，然而随着工作进一步陷入泥沼，我几乎避无可避。我深知我们的工作方式亟须转变，也十分渴望自己能触发这种转变。想通过大范围地激发员工斗志来改善工作环境，可这非我一己之力所能及。然而，我也坚决不会放弃追求自己见证过的"魔力"。我可以先从小范围开始，先激发我们团队的"魔力"，然后再推而广之。"右转"的"魔力"可不仅仅局限于在跑步比赛中跑出个人最佳成绩。最开始，

第 2 章　我是我自己最大的敌人

我是为了响应弗里曼"实现从优秀到卓越"的号召，而眼下已演化成我满心对激发"魔力"的渴求。我感觉我能使"右转"的"魔力"完全发挥出来。但想要做到这一点，我必须首先找出如何扩大其应用范围的方法。

我意识到，在我的一生之中，体验"魔力"的时刻总是稍纵即逝。一不留神，旧习惯就会重新找上门。我明白自己内心渴望掌控一切的恶魔从未消失。它们只是在蛰伏，伺机而动。我感到自己迫切需要弗里曼的建议。

开车去往"商人协会"餐厅与弗里曼一起吃早餐的途中，我惊讶地发现自己竟有些难过，我意识到这是因为我一生中最精彩的冒险即将结束。这次早餐便等于为这场冒险画上句号。从今往后，我不得不孤军奋战。在告别到来之前，我还剩最后一次与弗里曼沟通的机会，但愿他能给我一些金玉良言。

带着复杂的心情，我把一件柏林马拉松赛的官方纪念 T 恤作为离别礼物递给弗里曼。当我们在网上浏览比赛的照片时，弗里曼问我在比赛期间是否出现过什么意外情况。这一问提醒了我，正是由于他认为我无法很好地应对意外状况，我们才开始进行神秘跑训练并共赴一场"右转"的冒险之旅。于是，脸上挂着坏笑的人终于是我了。我承认他神机妙算，然后告诉了他比赛途中我突然胸痛的事，以及我又是如何在他的橡皮筋的帮助下渡过难关的。但令我奇怪的是，弗里曼并没有在认真听。原来网上一张照片引起了他的注意，他指着照片问我，为什么要在一辆行驶中的汽车旁边跑。

我完全忘记了那辆在比赛刚开始不久就出现在赛道上的车，直到现在，我才又回想起来。那张照片应该是别人在德国国会大厦附近拍的。那时，我刚刚调整好自己的跑步节奏，突然一辆白色宝马车从后面驶来，穿过跑步场地。那辆车从我身旁开过，向前驶去。但几公里后我又追上了它，因为它在减速。于是我赶超了它，但不久之后它又赶超了我。在比赛时居然要运动员注意赛道上行驶的车辆！这种情况实际上比稍后突如其来的胸痛更加出人意料。然而那时，这辆车并没有引起我的注意。在比赛时我不仅完全没有在意这辆车，甚至赛后几乎不记得这回事。

弗里曼脸上露出十分满意的表情，这件事对他来说比我送给他的 T 恤更有价值，因为此事是我取得长足进步的终极证明。放在以前，此类事情会牢牢抓住我的注意力，并很可能会进一步毁掉整场比赛。我会感到愤怒和沮丧。因为一辆汽车根本没有权利出现在那里，也根本不应该在马拉松赛时在参赛者中穿行而过，然而我并没有因现实情况与预期不符而感到愤懑，相反，我完全接受了已然发生之事。后来，我们才知道了这辆神秘汽车的用途：那些未参加比赛的精英配速员全都坐上了这辆车，他们此行的目的则是帮助肯尼亚选手丹尼斯·基梅托（Dennis Kimetto）再次创造新的世界纪录。

此时我借机向弗里曼表示，自己十分担心从此以后会再次失去这种"魔力"。如果我是一名更优秀的运动员并能以跑步为生，我肯定都准备转行了。可惜这并不现实，商界才是我的归宿。当我沉浸在自怜中时，弗里曼再次为我指明方向。他指出，由于我很可能一不留神就会重新回到旧的行为模式中去，所以我必须及时巩固新的思维方式。为此，我必须采取两项措施。第一项任务很简单：我必须将收获的见解应用到工作中。弗里曼答应和我一起举办研讨会，并邀请我的团队以及任何对此感兴趣的同事前来参加。我和弗里曼将分享我们的经历，并讨论此次经历能否给他们带来一些启发。

第二项任务是"改变语言"。弗里曼指出，这就类似于一场期末考试。我已经摒弃了旧的世界观，并对"自我"有了全新的认识。我的成长就像毛毛虫破茧成蝶一样，有着深远的意义。我正处于一个寻找新身份的阶段，直到我开始使用新的术语来表述新的思维方式，我的转变才能算是真正完成。从某种程度上来说，我居然理解这种说法：毛毛虫一旦变成蝴蝶，它自然会用"飞行"代替"爬行"，因为旧行为习惯中所使用的词汇无法用于表达新的行为模式。然而，对我来说，我并不知道这究竟意味着什么。围绕"右转"，创造出的新语言究竟是什么样的？它与之前围绕"掌控"形成的条件反射式语言又有何不同？

我左思右想，不得其解。由于与团队约好的研讨会即将来临，我必须做好准备，所以我也不能没完没了地纠结这个问题。弗里曼将和我一起商讨如何举办研讨会，这出乎意料地延长了我们的合作时间，令我欣喜至极。几星期后，大约有 40 名团队成员前来参会，我们聚在一起讨论如何实现从优秀到卓越的转变。

弗里曼和我一起向团队成员分享了备赛过程中我们获得的荣耀和经历的坎坷。当弗里曼讲到他是如何将我一脚"踹"出舒适区时，我的团队哄堂大笑。我脸上惊恐的表情肯定有趣极了。当弗里曼又指出我有严重的控制欲时，有人在后排喊道，这事他们再清楚不过了。另外，在转型之旅中，作为催化剂的"右转"的隐喻也使团队成员们产生了共鸣。当所有人都意识到，我们团队取得如今成绩的工作方式无法再让我们有更进一步的发展时，整个房间突然安静了。旧的习惯虽然使我们收获了很多成功，但它已抵达自身的极限，而改变这些习惯将是我们面临的最艰巨的挑战之一。我能感受到，大家的大脑都开始飞速运转。

研讨会的大部分时间里，我们都在探讨如何才能更好地在压力下保持稳定表现。我们确定了可以重塑内心观念的 4 个方面：自律、专注、适应力与成功动力。参与的团队成员们全神贯注，这种状态实在是令人着迷。

虽然我们在自律和保持专注的必要性上达成一致，但讨论时的氛围难免有些低沉。因为在大多数人眼中，此类元素似乎都令人感到无聊或沮丧。一旦我们开始探讨适应力这个话题，气氛就再度高涨起来。适应力与工作环境息息相关，对我们而言更是如此。面对逐渐衰退的企业文化，想要有所改变的话，拥有从困境中恢复过来的强大力量是必不可少的。

在最后一个讨论话题中，"获得成功的动力"与"避免失败的动力"对大多数人来说是新概念，这两个概念发人深省、引人深思。在演讲的最后，我们用了一张我在柏林跑马拉松赛时的照片作为研讨会的结尾。照片上的我似乎腾空而起，于是我们给它配了一个标题："起飞时刻"。有人用一个问题完美地总结了他们对整个研讨会的理解：如果我们能减少惯性思维的影响，那将能解锁多少新的可能性呢？我们认识到，这一切都取决于我们如何在熟悉得不能再熟悉的人生交叉口做抉择。我们既可以选择"自动驾驶"模式，让惯性思维做主，也可以选择去探索未知的道路，而只有后者才可能激发"魔力"。

唯一未能引起所有人共鸣的是与"改变语言"相关的内容。我解释说，为了巩固转变，我必须以新的行为习惯为参照标准建立新的语言表达习惯，经过这些转变，我已经从"配速员·凯"转变成为"竞赛者·凯"。"配速"意味着我必须有意识地控制自己的速度，必须小心翼翼；"竞赛"则意味着我遵从直觉、一往无前。当我讲到这里时，所有人都面无表情地看着我，静默不语，他们无法理解如何将"改变语言"应用到工作之中。我似乎在对牛弹琴，采用"新语言"看样子是没戏了。弗里曼口中的"期末考试"，我想我是彻底考砸了。如果如他所说，能否运用"新语言"对于我们能否在转型之旅中继续走下去至关重要，那么这下我们面临的麻烦可就大了。熟悉的恶魔将会回来，继续困扰我。

尽管研讨会上有一些令人困惑以及士气低落的时刻,但从整体来看,还是受到了大家的好评。然而,是否有人因此而受到启发?可能一个也没有。所有人都只是回到办公桌前继续工作,我认为自己尚未破解如何将"右转"应用于商界。我感觉到"右转"拥有巨大的潜能,而我只利用了一点皮毛。

我内心深处再度出现失落感,因为我期待的远非如此,我梦寐以求的是"右转"引发的神奇反应。然而,想要在工作中激发"魔力",我还有很多东西需要学习。至少,我能够与弗里曼共赴一场非凡的冒险之旅,而此次研讨会是一个很好的热身练习。

几星期后,我与参加研讨会的一位同事一起坐在他办公桌旁闲聊,一张钉在墙上的纸引起了我的注意。上面写着4个大字——"起飞时刻"。

与自我的对话
TURNING RIGHT

- 回想一下你生命中的"右转"时刻,当时发生了什么事情?你必须克服哪些困难?
- 对你来说,"右转"意味着什么?它又是如何打断你的惯常行为模式的?
- 你的内在潜力促使你实现了哪些成长?
- 哪些根深蒂固的观念自动消失了,或者你主动丢弃了?
- 你觉得自己还有哪些"魔力"尚待激发?现在是你的"起飞时刻"吗?

TURNING RIGHT

INSPIRE THE MAGIC

第 3 章

找到"破"的法门

最佳的学习方式,就是沉浸在巨大的挑战中,以未知的体验为师。

第 3 章　找到"破"的法门

"为赢而战"是指有意识地不去刻意避开任何可能失败、尴尬或落选的情况。

——拉里·威尔逊（Larry Wilson）
美国作家、编剧

柏林马拉松赛已经结束几个星期了，我仍在经受着"马拉松赛后忧郁"的煎熬。我每天昏昏欲睡，整个人如同泄了气一般。由于失去了一直以来拥有的目标感，每天我都无精打采地走在上班路上；我不知道如何鼓励部门成员们铆足干劲，工作中的不顺心更是让我的整个境况雪上加霜。

对我而言，参加柏林马拉松赛是一次巨大的冒险，更是我取得的一项重大成就。自回到澳大利亚以来，我就丧失了每天早晨起床的动力。以前，每当越过比赛的终点线时，我几乎会立马将自己的精力投入下一场马拉松赛。这种永不停歇的参赛模式，不仅能使我一次次重新斗志昂扬，还能有效地弥补我生活其他方面的缺憾。我渴望在参加马拉松赛的过程中不断取得进步，于是我一场接着一场地跑，不断追求更加优异的比赛成绩。我在比赛中获得的成功能够暂时缓解我的不安全感，但用不了多久，不安全感就会重新袭来，而我必须以更大的成就感来加以缓解。

转向，寻找新的挑战

这一次，我已经彻底失去平衡。我认识到，不断追求成功永远不会给我带来真正的满足感。对我而言，这是一个深刻又略显戏剧化的领悟。然而，在弗里曼的帮助下，我体验到另一种选择可能产生的结果。我已经超越了单纯追求比赛结果的层次，同时也收获了成长，或许还挖掘到了某种更深层的意义。在陷入瓶颈期多年之后，我终于重新找回那种令人振奋、相信一切皆有可能的精神状态。

我绝不会再回到单纯追求比赛结果的思维模式中，那样做无疑是白白浪费这来之不易的"精神头"。刷新最佳个人成绩？不，这不是我想要的。即便我尚未跑出自己能达到的最佳成绩，我也已经厌倦跑马拉松。我下定决心，不再参加马拉松赛。

那么，接下来我应该做些什么才能留住"魔力"呢？

在那次研讨会之后，弗里曼不经意间向我提出从参加跑步比赛转向参加铁人三项赛的建议。他问我有没有考虑过参加铁人三项赛，并试着争取获得夏威夷铁人三项世锦赛的参赛资格。虽然我的确不想再跑马拉松，但为了继续我真正热爱的跑步运动而加上游泳和自行车项目，不是多此一举吗？

我一直热爱跑步。我9个月大的时候，肯定是因自己尚不会爬行而十分沮丧，所以跳过了爬行阶段，直接学会了站立并开始走路。我爱上了用双脚推动自己前进的感觉。还记得小时候我经常在校园里疯跑，似乎自己拥有无穷尽的能量。学校体育课上的大多数运动我都擅长，唯独不擅长德国人最热爱的足球运动（也就是"football"，但我的澳大利亚同事们坚持称其为"soccer"）。我更喜欢做守门员，或者最好能够待在场边观看其他孩子比赛。16岁时，我在苏格兰一所寄宿学校上了一年学，正是在那段时间，我对跑步的热爱与日俱增。当时学生要想加入学校的社团，就必须擅长体育运动，否则学习成绩再好也白搭。在苏格兰上学的第一天，我就认清了一个现实：我根本不擅长运动。学校的秋冬季学期恰逢英式橄榄球赛季，而我从来没有打过英式橄榄球，对比赛规则更是一无所知。在多次向前传球后，我被淘汰出局，自此就再也没有上过场了。后来，我很知趣地没有试着加入曲棍球队和板球队，因为我知道我在这些运动项目上同样一窍不通。最后，我加入了越野跑社团，并变得越来越擅长跑步。

然而，即使看到了我在柏林马拉松赛的表现，弗里曼显然还是高估了我的运动能力，他竟然提议我去参加世锦赛级别的比赛，这种想法是不切实际的。我的运动天赋离参加那种级别的比赛还差得很远，但肯定还有比赛是值得参加的，我只是需要找出究竟是什么比赛。不破不立，破而后立，我需要的正是"破"。

为了找到"破"的法门，我想，是时候该再次"右转"了。我意识到，我真正想参加的是极限马拉松赛。任何超过传统马拉松赛程长度的比赛都可以被称作"超级马拉松赛"，但我真正感兴趣的是那些赛程长度远远超过传统马拉松距离的比赛，也就是极限马拉松赛。无论是从精神层面上来看，还是从身体层面上来看，两者都有着极大的区别。与我之前所驯服过的"野兽"不同，极限马拉松赛是另一种"野兽"。许多极限马拉松赛要求参赛者离开人工铺设或为赛事而封闭的跑道，迈上小径，离开城市，进入大自然。我已经准备好尝试极限马拉松赛，并将目标锁定在"大红跑"（Big Red Run）上。当我第一次了解到大红跑时，它似乎很可怕，而这正是我当下在寻找的突破口。

大红跑的赛程为 250 公里，参赛者需要穿越澳大利亚内陆中部的辛普森沙漠。除了考验参赛者的能力，组织者还旨在通过比赛来筹集资金，用于研究 1 型糖尿病的治疗方法。比赛从澳大利亚昆士兰州标志性的伯兹维尔酒店外开始，也在此处结束。届时参赛者将远离所谓的文明世界，踏入满是沙丘的无人之境。成千上万只苍蝇将会成为他们仅有的伙伴，它们寻味飞来，吸附在参赛者脸上和身上，不放过任何一点水分。

到了夜晚，参赛者要在布满石头、凹凸不平的地面上搭帐篷睡觉，如果有些参赛者实在太累，连帐篷都不想搭，那就只能以天为被以地为席，纵享百万繁星相伴入眠的"豪华待遇"了。比赛日程包括：前三天每天跑 42 公里；第四天是 32 公里的"冲刺日"；第五天是 84 公里的双程马拉松；第六天是最后 8 公里的不计时跑。最后一天主要是为了让参赛者一起庆祝他们的成就，通常会以喝一两杯啤酒的方式来结束比赛。参加这场比赛对我而言无疑是一个史诗级的挑战，其困难程度远大于我以前做过的任何事情。

这个比赛远远超出我的舒适区，决定参赛几乎算得上一种愚勇了。然而，应对这种将参赛者的控制权降到最低的挑战，可能是见证奇迹必须付出的代价。以前在探索未知领域时，我经历了一定程度的个人成长，也熬过了其中的不安时光。显然，大红跑将要求我更大幅度地"右转"。

挑战自身极限是不再陷入瓶颈期的秘诀。我想摆脱过去那个慎重仔细、步步为营的自己。我想要把从运动中学到的技能广泛应用到生活中去，而且那时，我亟须一些能够打乱我习惯模式的事物、一些能让我感到畏惧的事物。最佳的学习方式，就是让自己沉浸在巨大的挑战中，让未知的体验成为我的老师。

"右转"的发现如同燎原的星火，让我更加勇敢地追求自己对生活的向往。当我接受训练以保证能够在压力下稳定表现时，我成功实现从优秀到卓越的转变。虽然稳定表现能够带来卓越，但"右转"能够带来的远不止如此，它可以引发奇迹。在墨尔本莱斯特菲尔德公园的越野跑道上，我跑赢科里便是一个奇迹。"右转"使我获得了意想不到的成功，并使我学会顺其自然，跟随直觉行动，似乎我整个人都变了。毋庸置疑，"右转"激励我成长，赶走了工作给我带来的阴霾，使我的生活更加明朗，或许我还能经历更多意义非凡的体验，这些将永远改变我的人生。

但是更多疑问接踵而至。如果我更加频繁地"右转"，将会发生什么？我真的能够通过这种方式重新振作起来吗？到时我将会成为谁？我曾处在脆弱和困顿的状态中，然而跌跌撞撞地前进，让我重新变得热血沸腾。我想再次起飞。如果我能保持这种追求成功的动力，那么我将势不可当。

怀疑和恐惧，随着暗夜而来

我对"右转"抱有一种近乎浪漫的愿景，我要追随神秘的召唤，离开舒适区，迈上新道路，探索未知之境。我将响应召唤，开启另一场刺激、神秘、充满乐趣的冒险之旅。如果我在柏林马拉松赛的表现堪称卓越的话，那么我还需要做些什么才能达到更高的水平呢？是否只需放手一试，克服自身不安，就那么简单？如果真如此简单的话，那我能否开启更多的可能性？如此种种，便是我在柏林体验过"右转"之后的感受，所以我异常兴奋，并准备报名参加大红跑。此时，我还只有空想，尚未付诸实践。

然而当天晚上，恐惧就找上门了。自我怀疑在暗夜中袭来，爬进了我的脑海。白天的时候，我还感觉自己像个即将开始一场新冒险的英雄；到了晚上，当我回到家躺在床上时，心里只剩下恐惧。我辗转反侧，试图摆脱那种不知所措的难受感觉，我低估了恐惧，没想到它来得如此之快，一下子就将我之前的兴奋感驱赶殆尽。任何理性的认知告诉我的参加比赛将带来的许多益处，在恐惧面前变得一文不值。

大脑的警告和反驳非常明确，它抱怨说，即便是驾车，250公里也是一段很长的距离，靠双腿跑完250公里简直是疯了。也许我是一位优秀的马拉松运动员，但这种距离的比赛远远超过我的能力范围。除了距离荒谬至极以外，我一直以来都是在公路跑，没有越野跑的经验，而沙漠跑更非我力所能及的。随后，我又想到这场比赛将会给我的精神状态带来考验，而且我深知这种考验将比我身体上经受的考验更为严峻。我对自己的大脑再清楚不过了，一旦双腿在第一天的比赛中跑累了，大脑就会大声疾呼。而接下来的几天，我仍有200多公里的赛程需要跑完。解脱变得遥不可及，我根本不具备完成大红跑所需的能力。这些念头的确令人难以消化，它们一针见血地戳到了我的痛处。我的内心之声说得没错，我忘记了检查该决定的可行性。

无论什么事情，只要我刻苦去做，总能跻身强者之列，对此我早已习惯。我母亲通过以身作则，让我认识到卓越、决心和坚忍的价值，并教会我如何获得成功。学生时代，我一直都是优等生。以英语作为第二语言的我，甚至在苏格兰寄宿学校的英语课上取得了最高分的成绩。我在校期间成绩优异，以极短时间拿下硕士、博士学位并顺利从大学毕业，此番经历自然招人嫉妒，但那时的我早已学会应对来自同学的敌意。进入职场，当我在管理岗位上逐级晋升的时候，我甚至都未曾回头看过一眼。

不再跑马拉松的决定打开了一扇我一生都在试图避免打开的门。那扇门后面的墙上赫然写着两个大字——"失败"。决定参加大红跑，无疑就是选择了通往灾难之路。这场注定的失败，让我想起小学时上美术课的时光。美术是我唯一不擅长的学科，我厌恶与绘画有关的一切，不遗余力地厌恶。在10岁那年的期末成绩报告中，我拿到了人生中唯一一次不是"优异"甚至不是"良好"的成绩。"中等"，我在美术上获得的成绩是"中等"。自从那天收到那份糟糕的成绩报告，两条新的极为有效的黄金法则成为我行事的准则：第一，不要在极有可能失败的事情上花费精力去追求结果，例如绘画；第二，不管付出多少努力，也要只胜不败。

在白天产生的参加大红跑的种种积极想法，随着夜幕的降临而消失不见。毋庸置疑，白天的我把在柏林训练期间所挥洒的汗水、经历的痛苦以及体验的艰辛都通通忘了个干净。在努力训练时经历的痛苦，全都被完成比赛时感受到的荣耀取代。而现在，那时种种挣扎的心境带着恶意卷土重来。我越是细想大红跑的事，就越发清醒地认识到自己参赛简直是在开国际玩笑。我想象着比赛时可能出现的最糟糕情况，脑海中出现的画面看起来再真实不过了。如果我根本无法完成比赛，那为什么还要浪费时间去参赛呢？相反，我可以继续坚持做我擅长的事情——跑马拉松。

然而，大脑中一直喊着"我做不到"的"功利小人"，被另一个微弱而充满希望的声音给打断了，我心中那个"探险者小人"站出来说话了。他说，他十分想去澳大利亚中部，能够参加此次比赛，他感到很兴奋，而且成功并非毫无可能。还有6个多月的时间，我可以训练自己坚持跑完这种超长距离的马拉松。我内心的某种东西极度渴望着成长。与此同时，我更加不知道要听从脑中哪个"小人"的建议了。渐入深夜，我决定逐一检查所顾虑的事项，是否有什么事会使我放弃参加比赛？我脑中一片混乱，需要重新整理清楚。

然而随着分析的深入，我越发认识到参加大红跑实在是一个愚不可及的决定。我哪有时间去疯狂训练？为挤出时间训练而减少工作量是不可能的。再加上还有受伤的风险，一旦受伤，之前训练付出的许多努力就白费了。另外，我在沙漠里的安全该如何保证？听说曾经有一位女士在参加越野跑比赛时，因遭遇森林大火而被严重烧伤。我不停地想到各种问题，刚解决掉一块绊脚石，又冒出来一只拦路虎。我甚至无法分清哪些是真实的担忧，哪些只是蹩脚的借口。想法不停地来回反复，我变得更加不知道该如何是好。

我担心参加大红跑将会牺牲我在跑步生涯中付出的一切。至少，在正常赛程的马拉松赛中，我对如何获胜一清二楚。那些比赛给我带来的兴奋感可能并没有多高，但至少我能十拿九稳地获得，而尝试新的事物则充满未知。未知的道路究竟能够带来多少价值，我无从知晓。到目前为止，为了在马拉松赛中跑得更快，我已经付出多年的努力和汗水。就这么离开马拉松赛场，值得吗？这个响亮的声音来自我内心的"功利小人"，他敦促我清醒过来，不要盲目地走上一条大概率失败的道路。他告诉我，诡计多端的"探险者小人"之所以吹响冒险号角，是为了引诱我走向灾难。

午夜将至，我依旧被恐惧支配，整个人束手无策。每隔几分钟，我就会打开灯，坐到电脑前查询能在网上查到的任何关于大红跑的信息。然而这么做毫无用处，因为我无法相信大脑中任何一个"小人"的声音。"弗里曼会怎么说？"我不由得自言自语，然后意识到他只会简单地反问我："凯，你的动力究竟是来自获得成功还是避免失败？"这正是我问题的答案。"安全感"和"个人成长"不可兼得。尝试新事物，就意味着失败不可避免。每个人的学习和成长道路皆是如此。

但现在，我正不惜一切代价地避免失败。那种激动人心的想要成长的欲望，悄无声息地变成"不要搞砸一切"的命令，此次挑战似乎对我的生存哲学构成威胁。成功是我在定义自己时不可或缺的一部分，可能的失败将会给我带来巨大的焦虑感。这也正是为什么我内心那个"功利小人"想要将我拖回安全又熟悉的浅水区。危险让我避免去挑战极限。如此一来，我便不用面对风险，以免参加极限马拉松赛最后落得个和上美术课一样的下场。恐惧使我躲在一个窄小而安逸的角落里。我不想茁壮成长，只觉得能够存活下去就已经很满足了。

许多年来，我身经百战，也曾伤痕累累。我变得成熟，内心的期望也越发"现实"起来。或许是由于目前我只做有把握的选择，所以才未遭遇失败？这些年来，我一直非常努力地工作，让自己认为"我能够掌控自己的生活"。我的方法奏效了，造就了当下的我。坚持自己的方式是没有问题，但对我有帮助吗？

停止思考，相信直觉

我深知如果我继续做同样的选择，那什么都不会改变，我会不可避免地陷入瓶颈期。我仍然记得在神秘跑训练之前的自己，执着于可预测性和控制权，每天都以相同的思维模式思考。但当下，按老一套方法行事的代价太大了，而且我有一种强烈的愿望，想要去生活中寻找更多活力。为此，我必须充分发挥想象力，并接受不确定性。

列出利弊清单只会让我沉浸在一个盘算筹谋的世界中。理性的大脑会以追求安全、可预测性和控制权为出发点。它能给我描绘一幅栩栩如生的地狱图景，却不能给我描绘一幅同样清晰的天堂景象。然而我知道，只有当我停止思考并相信自己的直觉时，奇迹才会发生。我接下来要做的事情十分明确。如果我还想睡一会儿的话，就必须立即报名参加比赛，断掉所有后路。不能再多想了，也不能再听"功利小人"的冷嘲热讽了。我要放下理智，放手一搏。我要站起身来直面恐惧。在十几岁第一次报名参加马拉松赛时，我就是这么做的。

长跑启示录　Turning Right

这不禁让我回想起 1998 年发生的事情。那是我在高中的最后一年，我已经不再是经常做些愚蠢决定的学生了，我会从各种可能的角度去考虑问题，并由此做出明智决定；换言之，我是一个典型的缺乏安全感的优等生。至于怎么会做出参加马拉松赛的决定？老实说，当时我吓坏了，但同时我又异常兴奋。我忽略了内心的理性建议，跟随我的直觉行事。事实证明这个决定是一个神来之笔，我当时决心已定，只是简单地向朋友宣布："斯文，我要参加这场马拉松赛。"

不妨听我将整件事的来龙去脉细细道来。斯文自 6 岁起就是我的朋友，那时我和斯文刚刚开始每星期一次的跑步训练。在一个阳光明媚但又有些闷热的春日，我们在一起为期末考试和大学入学考试做准备。对我们来说，跑步是一种在学习之余让精神放松的好方法。我们此前不久才开始做严肃的长跑训练：每星期跑一次，每次大约跑一小时。跑步不仅能帮我更好地集中注意力，还能减轻压力。令我着迷的是，每次跑步对精神产生的影响与对身体产生的影响正好相反。跑步虽然会让我筋疲力尽，但能够让我在精神上平静下来，变得更加专注。

训练的那天，我们俩的腿都累得发抖。在每次跑步结束时，都会发生这种情况，我甚至清楚地记得那些我跑得双腿打战的时刻：我们越跑越慢，转为步行。对于我们的身体来说，跑步锻炼也算是难为它们了。那天特别潮湿闷热，我们俩都热得汗流浃背。为了消暑，我们站在我家外面的街道上闲聊。如今回想起来，我无法确定究竟是谁先开的口，但我猜是斯文，因为跑马拉松赛大概率不是我会有的想法。当我们筋疲力尽地站在那里时，斯文突然冒出来一句："我敢打赌我们能跑马拉松。"于是，跑马拉松的想法就此诞生了。作为一个典型的青少年，我的反应是："那当然。"当时的我们信心满满，说着一些自我陶醉的话。

"学校里没有多少人可以连续跑一小时不步行的，我们可以每星期进行一次训练，"他讲道，"速度可能不会变得超级快，但也不会很慢。今天我们跑得就比上个星期远。"那一刻，我俩都确信可以做到，任何事情都无法阻挡。我们的结论，或者谈话过程很简单：

"我们去参加马拉松赛吧。你去吗？"
"我当然去。"
"你说真的吗？我真的要参加。"
"我也说真的。绝对参加。"

然而，现实很快就朝我们泼了一盆冷水。下一刻，斯文问我是否知道马拉松赛全程有多长，我能给出的答案只有："我也不知道。但肯定很长。"我们依稀记得在1997年的秋天，家乡科隆举办过一场马拉松赛事，但那个时候，对马拉松赛感兴趣的人很少。后来，我父母买了家里的第一台电脑，但尚未连接互联网，因此我们也无法上网查询关于马拉松赛的信息。幸运的是，斯文有一本旧杂志《男士健康》（*Men's Health*），上面有关于马拉松赛的信息。他决定骑自行车回家，从杂志上找到信息之后再将具体内容告诉我。此时，我们俩都没有特别担心，"很长"又能有多长？

当天下午晚些时候，我在埋头看书，完全忘了马拉松赛这回事，此时斯文打来电话，我立马意识到事情远没我们想得那么简单。他说："凯，这是不可能的。"他解释说，马拉松赛全程42.195公里，我们根本跑不下来。我以沉默表示认可，这听起来确实很荒谬。斯文说得没错，我们无法完成比赛。我们怎么可能在一场比赛里跑完正常情况下一个月都跑不完的路程？

至此我尚一言未发，只是一直在听斯文说为什么我们不得不放弃成为马拉松运动员的梦想。我内心那个尚未长大的"探险者小人"对这一愿景产生了兴趣，而那位常常做决定的"功利小人"对此毫无兴趣。突然之间，我听到自己脱口而出："我们已经做出承诺。斯文，我要兑现承诺。我们一起去！我们一起去跑马拉松。"我浑身散发出自信的光芒，尽管这份自信犹如空中楼阁一般缥缈。我已经下定决心，不再动摇。至今我仍不清楚当时我是由于太骄傲而不肯退缩，还是因为过于自命不凡，或者只是愚蠢而已。随后当斯文决定放弃参赛时，我才开始深入思考参赛这件事。而当我开始深入思考时，担忧随之而来。但我已经骑虎难下，于是我报名参加了下一场科隆马拉松赛。

"点击报名"，勇敢追求内心的渴望

眼下在墨尔本，我再次做出选择，而历史也在重演。我决心报名参加大红跑，并结束自己的马拉松长跑生涯。这种做决定的方式，与我最初决定参加马拉松赛的方式如出一辙：我在没有地图指引的情况下扬帆起航，下定决心去探索未知的水域。唯一的区别是，作为一个成年人，我学会了更加尊重自身的局限性，或者说我认为自身存在的局限性。然而在给自己设限的过程中，我是否放弃了曾经拥有的、最宝贵的、勇敢探索新领域的心态呢？我又得到什么回报？我得到的回报只有更强的控制欲，以及无须再经历痛苦失败的错觉。

当我找到信用卡并登录大红跑官网时，已经过了午夜。我内心的"功利小人"差点就说服我放弃比赛了，但"探险者小人"及时挺身而出，勇敢追求他内心的渴望。我点击了报名按钮。我感觉更像是这场挑战选择了我，而非我选择了接受这场挑战。当下我只能希望历史能够更盛大地重演。20多年前，当我在雄伟的科隆大教堂下蹒跚着冲过终点线时，我觉得自己简直是无敌的。相对于完成比赛的自豪感，我对自己完成了一项看似不可能完成的任务更感到骄傲。

第 3 章 找到"破"的法门

在我的生活中,似乎不断经历类似关口。我希望,随着时间的推移,跨入未知领域对我来说能够变得更加容易。踏上冒险之旅不仅意味着我会暴露弱点和缺陷,还总是伴随着无法预知的结果,这种状况到现在依然令我感到不适。要是有人能告诉我冒险的结局是怎样的,让我能准备充分就好了。不过至少当回忆起高中时代那一段往事时,我找到了勇气,决定听从内心的召唤并踏上似曾相识的冒险之旅。

此番冒险并非为了追求成功,而是为了使我的人生从内到外重新焕发生机。正如我第一次参加马拉松赛一样,参加大红跑也并不是一项技术上的挑战。我不需要掌握更多技能,而是需要掌握一种完全不同的心态。柏林马拉松赛的经验为我参加大红跑奠定了基础,接下来我需要提升应对混乱局面的能力。前路未知固然可怕,但它为我的成长创造出最佳的外部张力环境。参加大红跑,意味着我需要直面适应性挑战,这种挑战要求我必须有能力转变成任何我想成为的人,以缩小完成挑战所需的能力和我本身能力之间的差距。

几星期后,我以非常地道的澳式风格组织了一次烧烤聚会,并邀请朋友们来参加。在此之前,我一直未曾告诉过他们我要去沙漠参加大红跑的决定。但我知道,把这个决定告诉家人和朋友,会让我更加全力以赴。虽然我并不是为了他们而赛,但告知他们此事,我便能从他们那里获得一些外部支持,这将帮我更好地渡过难关。

朋友们得知这个消息后很惊讶,但都表示十分支持。有人问我决定参赛是不是由于我喜欢在沙滩上跑步。"恰恰相反,"我回答道,"我不喜欢陷入停滞、无法取得任何进步的状态。"我该如何解释我参赛是为了更深入地了解自我呢?许多奥运选手也是如此,他们通过深入了解自己,从而在所参加的项目上获得了惊人的成绩,我也想通过这种方式来彻底重塑我的内心世界。

长跑启示录　Turning Right

那天晚上，当朋友们离开后，一股恐惧感袭上我的心头。我在对"为沙漠跑做好充分准备究竟意味着什么"一无所知的情况下，迈出了非常大胆的一步。是时候该解决"如何做好准备"的问题了。"是否跑"的挑战已经被"如何跑"替换。

那时尽管距离比赛还有 6 个多月的时间，但一点儿时间都不能浪费。我已报名参加了一项看似无法完成的挑战，此时此刻，无论是继续拖延还是心浮气躁都于我无益。我需要引导自身的能量。之前与朋友的谈话使我明确了当下我迫切需要做的准备：在沙滩上进行训练。还有什么比这个更好的准备方式呢？

然而到了第二天，星期一早上，我昨天想要尽早开始训练的劲头就已经消退了。星期二，我又找了一个不去海滩训练的借口，尽管我感到很愧疚，但依然没有付出任何行动，我在拖延时间。但我必须硬着头皮迎难而上。我设置了星期三早上的闹钟，决定起个大早去附近海滩晨跑。星期三早上 5 点半，天色未亮，我开始沿着硬地面的人行道做热身运动。我仍在避开海滩，但过了一会儿，我到了通往柔软沙滩的一个入口。于是，我再次"右转"。

与自我的对话
TURNING RIGHT

- 你内心有"功利小人"或与之类似的存在吗？这些"小人"的声音在多大程度上盖过了其他"小人"的声音？
- 如果没有任何约束，如果你毫不畏惧，你将会做什么？
- 你上一次踏上冒险之旅并成功达到目的是在什么时候？
- 你怎么做才能给自己带来更多的满足感？

TURNING RIGHT

INSPIRE THE MAGIC

第二部分

加速,一场心无旁骛的探索

将自己视作实验室，
去寻找自己究竟是谁、能做些什么。

——乔·卡巴金（Jon Kabat-Zinn）
正念减压疗法创始人

TURNING RIGHT

INSPIRE THE MAGIC

第 4 章

跑向沙漠,完美的冒险之旅

逻辑不一定正确，不可盲目相信我们的理性大脑。

第 4 章　跑向沙漠，完美的冒险之旅

> 卓越其实平淡无奇。卓越表现只不过是不断锻炼一些技巧，反复进行一些活动……经过仔细的训练形成习惯，然后整合成一个综合的整体。
>
> ——丹尼尔·钱布利斯（Daniel Chambliss）
> 美国汉密尔顿学院杰出教授

沙滩跑比我预想的还要糟糕。这太难了，我几乎还没怎么开跑就得停下来休息。大约 10 分钟后，我就决定结束第一次训练。训练没有半点进展。在整个过程中，我的注意力都放在尽量不扭伤脚踝上，如果有只蜗牛和我比赛的话，蜗牛大概都能跑赢我。为什么我要放弃可预测的路，跳出舒适区，只为和自己较劲？然而令我惊讶的是，我没有因此次训练过于短暂而责怪自己。能迈出这一步我已经很满足了。

在第一次训练结束的两天后，我进行了第二次沙滩跑，但也仅仅跑了半小时。整个体验无比糟糕，而且我只跑了 4 公里。所以现在的问题就是，如果跑 4 公里的体验都如此糟糕的话，我怎么能坚持跑 250 公里？

长跑启示录　Turning Right

将自己训练成一名合格的沙漠跑参赛者的时间已经不多了。我报名参加了一项挑战，给自己打造了一个如火海般滚烫的成长平台，而当下我一心只想找到灭火器。我对自身的优势有着清醒的认知，我善于解决问题、喜欢将问题彻底思考清楚。

如果要参加 250 公里的沙漠跑，我就要应对一些突发状况，然而处理"曲线球"[①]不是我所擅长的，尤其还是在顶着压力的情况下。我能取得成功的唯一希望是通过更多地"右转"找到答案，不然就有大麻烦了，我可能会完不成沙漠跑，无法在内心根植"魔力"。那种"魔力"像是一道光，当工作中的不顺要吞没我时给我以希望的光。

出乎我意料，弗里曼突然邀我共进早餐叙旧，这真是个惊喜。他还不知道我即将参加大红跑，只是想和我聊聊近况。这无疑是个好机会，我要借此机会给他个惊喜，让他知道我仍在探索未知的道路上前行，仍强顶压力，不断"右转"。我还制订了一份仅有一页的计划，来向他说明我将如何应对大红跑。上次我为柏林马拉松赛制订了长达 12 页的详细计划，那份计划惨遭弗里曼否定，所以这次我吸取了教训。

为了应对大红跑的挑战，我需要的不仅仅是新技能。任何适应性挑战都需要以一种新的心态来应对，更何况我即将面对的还是一个巨大的适应性挑战。我当下的心态对完成这个挑战而言仍有很大局限性。大红跑的比赛环境十分复杂，对参赛者的能力要求也很高，这些要求远远超过了我目前的能力范围。因此，我的单页纸的计划很简单。在计划书中，我指出自己将按照以下 3 个原则做准备工作：适应性、全面性和稳定性。

"哇，穿越沙漠的 250 公里极限越野跑？"弗里曼发自内心地惊讶。当

[①] 原文是 curve balls，这是作者用"曲线球"代指意料之外的情况。——编者注

我阐明 3 个原则之后，他立即承诺将在整个准备阶段给予我全力支持。我又可以与弗里曼合作 6 个月了！此前在他的指导下，我经历了一个逐步成长的过程，体会到了我们的内心如何限制我们，又如何推动我们达到意想不到的表现水平。弗里曼委婉地说，此前种种训练可能连皮毛都算不上，而我即将要学习的是如何掌控内心世界。

我深知，大红跑带来的挑战与我在日常生活中应对的挑战没有什么不同，恐惧、怀疑、无法集中注意力、失望，当然还有身体疼痛，这些都会出现，因此大红跑同样也是学习如何应对生活挑战的绝佳机会。此外，竞技环境与商业环境也没有什么不同，两者都具有四大特点：易变性、不定性、复杂性与模糊性。

我无法躲避意外。多想无益，我们都认为大红跑将是一次完美的冒险之旅，我也将实现更多次"右转"。内心之中，我感觉"右转"的作用远不止从优秀提升至卓越那么简单，我还可以将所学经验应用于职场。令我意外的是，弗里曼未对我的方案做任何修改，这还是头一遭。看来柏林的经历的确给我带来了回报。

放手一试

我方兵将皆已到位：弗里曼是我的导师，科里是我的陪练。对于我的冒险之旅，科里似乎比我更加兴奋，我们进行了多次越野跑训练，着实都是些十分刺激的体验。我们不仅经常在路上遇到袋鼠，有一次还在日出前遇到一只闲游的狐狸。当然，我们也遇到了一些不那么招人喜欢的野生动物。一天早上，我们正在一条狭窄的森林小径上跑着，科里差点踩到一条 2 米长的东部拟眼镜蛇。当时，这条致命的毒蛇正在清晨的阳光下晒太阳取暖，科里跑到它跟前时才注意到它，但幸好他及时跨了过去。之后我立刻接替了领跑的位置，好让科里能从惊恐中缓过神来。科里刚刚从险境中幸运逃脱后没几分钟，我就看到了另一条蛇。当时我正沿着石阶往下跑，跑得太快根本停不下来，差一点就踩中它。纵然如此，我也不愿回到柏油路面安全地奔跑。

在准备阶段，我时时刻刻将3个指导原则谨记于心：适应性、全面性和稳定性。适应性意味着我必须放弃制订详细的前期规划，转而以灵活应变、可以随时迭代更新的方案为主。这种方案不仅为我创造了更多的发挥空间，也使我的直觉得以增强，并实现更多"右转"。全面性意味着我不仅需要将注意力从单纯的跑步训练转移一部分到心理建设上，还需要使自己更加适应携带沙漠跑必备装备的负重跑，并制订补充身体水分和营养的补给计划。最后，我还需要将在压力下保持稳定表现的能力提升到一个新的水平。

除了在沙滩上跑步，我还做了一个最重要的改变，那就是每天花15分钟来练习静坐冥想。即便此前我并未经常练习冥想，但我已然感受到它的巨大力量。冥想能为我提供更强的专注力、更好的适应力，以及帮我树立更积极的观念。也许更积极的观念能够改变我的消极思维模式，甚至还可能减轻我的控制欲，让我能更自如地去处理我所面对的状况。在大红跑中，我不停思考的大脑才是我最大的敌人，甚至比遇到蛇还要危险。

在最初的适应阶段过去之后，我们加大了训练强度。在一个周末，我想跑两场马拉松训练，目的是让我能从体能和自信心两方面更好地应战。第一场训练由科里领跑，他带着我穿过莱斯特菲尔德进入丹顿农山。仅跑了10公里后，我突然感到十分吃力，将速度降了下来，最终不得不以走代跑。无论科里如何鼓励我，如何让我振作起来都没用，我们不得不缩短行程，我甚至没有足够的力气走回停车的地方。我们只跑了32公里。我不由得想到，自己应如何面对大红跑第五天的84公里沙漠跑。跑84公里，这太疯狂了。

我回到家,信心全无。最糟糕的是,我无法理解自己为何会感到如此吃力。

尽管如此,晚饭之前我又将跑鞋穿上,将这一天本该完成的马拉松训练剩余的里程跑完。虽然我依旧感觉很糟糕,但我想向自己证明:即便被彻底打倒,我依然能够重新站起来。日落之前我就上床睡觉了,到了第二天早上,我感觉好多了,并决定继续第二场马拉松训练。这次我能坚持跑完全程吗?我不确定,但奇怪的是,我并没有为此担心。我能做的,就是放手一试。

我跑到奥林匹克公园,在田径跑道上跑了几圈。起初我跑得很慢,随后我的兴致终于逐渐高涨起来,我一鼓作气,竟然只用3个多小时就完成了全程马拉松。前一天令人失望的痛苦经历,反而成为我前进的推动力。此番经历成为我在整个准备阶段中自信心的最大来源。因为它让我认识到,即便我在某个比赛阶段跑得极为吃力,也丝毫不会影响我在第二天的表现。这一认识来得很及时,它使我不再盲目相信自己的理性大脑,使我明白逻辑不一定正确,而且在意识到这一点后,我脑中强大的、限制自我的假设随之转变成一种更积极有效的信念。

我找到了训练的动力,我的爱情生活也同样如此。几个星期前,我在一个我偶尔会参与训练的跑友团中结识了丽贝卡。丽贝卡在一家化工企业工作,由于她需要管理一整个业务单元,因此无法定期参加下班后的跑步训练。在第一次见面之后,我一连好几个星期都未能见到她,因此当收到她生日派对的邀请时,我意外又激动。互相表明心意后,我们甚至都不知道如何才能挤出时间来约会,但这些都不是问题。那时我们尝试着更深入地了解对方,尽管这种感觉很棒,但同时也像是一个令人心里没底的"右转"。我越是这样"右转",就会越轻松吗?还是说事实恰恰相反?

长跑启示录　Turning Right

在我们开始约会后的那个周末，我报名参加了一场在德国科堡举行的跑步比赛。在该比赛中，所有参赛者需要在 400 米田径跑道上跑 6 小时，跑程累计最长的选手获胜。有人问我："在跑道上一圈一圈地跑难道不无聊吗？""无聊"一词让我想起童年时期的一次尴尬经历。那时我母亲有几位朋友在我家做客，而我当时在旁边一边玩玩具，一边听着大人们无聊（对我而言）的谈话。我听见有人说她丈夫在家的时间太少了，她一整天都无聊透了。我心血来潮，想插一句嘴，好让对话不那么无聊，于是我站起身来走到她身边，告诉她每当我抱怨无聊时，我母亲是如何回应我的："你一定很傻。我妈妈说，聪明的人从来都不会觉得无聊。"之后的事我记不清了，我大概将那个尴尬的局面留给母亲去处理了。

然而，当我在田径场上跑步时，我意识到人们通常认为的"无聊"在我看来并不是什么问题，真正的问题是如何在一个娱乐元素极为有限的环境中保持专注。当我跑步的时候，这 6 小时似乎永远也不会结束，我该如何应对这种错觉？待在一成不变的环境里不是问题，我脑中存在的一成不变的想法才是，因为它们会引起焦虑。

比赛刚刚过了 3 小时，我和另外 30 名参赛者一起在跑道上一圈圈跑着，不时有速度更快的参赛者超过我，我也会不时超过比我跑得慢的人。虽然我耳朵里充斥着来自周围的噪声、脚步声、沉重的呼吸声、鸟儿们叽叽喳喳的叫声，以及远处飞驰而过的汽车发出的声音，但我内心很平静。当比赛进行到一半时，所有人都改变了跑步方向。多有意思的举动。之前我们是逆时针跑，现在是顺时针跑。但这种视角的变化对提升比赛的趣味性而言，作用十分有限。这场比赛更像是一场探索内心的旅途，外界环境的变化已不再那么重要。太阳炙烤着大地，跑道上热浪滚滚，在最后 1 小时里，我们迈出的每一步都变成一种折磨。我太讨厌这种炎热环境了，沙漠环境根本就不适合我。我跑步的节奏被打乱，很快又失去了动力。

终于,我满心期盼着的预示比赛结束的发令枪声响起,我的痛苦结束了。最重要的是,我得以从紧抓着我不放的消极自我对话中解脱出来,至于我是否放慢了速度或者是否无法集中注意力,我都已经完全不在乎了。然而,我却获得了一个惊人的成绩,我跑了整整188圈,75公里,创造了个人的最好成绩。我已经突破了自身的极限。

那么,这场艰难的比赛带给我哪些启示呢?对我而言,最关键的领悟在于,我发现我的身体会紧跟内心的引导而行动。我确信,如果平时没有进行冥想练习,我在比赛中一定无法取得此番好成绩。是我的内心将我带到了一个新的高度,同样,在比赛的最后一小时里,也是我的内心阻碍了我,使我没能跑得更远。心智训练比训练其他任何技能都更加重要。毫无疑问,如果我想做到在比赛后面几个阶段仍能保持注意力集中的话,还有很多工作要做。此外,从身体层面上看,我必须找到一个补充营养和水分的最佳策略。比赛刚开始的几小时,我就感觉自己极度缺盐,至于那些香蕉和燕麦棒,我是一口也咽不下去。

幸运的是,我很快就找到了补充营养和水分的最佳解决方案。在德国科堡的比赛结束后的那个星期六,一位朋友带我参加了在墨尔本蒙纳士大学(Monash University)举行的跑步研讨会。该研讨会主要是探讨对超耐力运动员的相关研究,我暗觉这是一个做好全面性准备的绝佳机会。所以当研究人员为新一轮的营养研究招募志愿者时,我当场就报名了。为了该项研究,我需要来学校几次以进行多项测试,其中包括吃含糖果冻及在跑步机上跑3小时。研究人员收集了相应的数据,我也准确地了解了我的身体所能承受的极限。这是一个优化我的营养补充方案的难得机会。负责该研究项目的教授甚至为我量身定制了冻干食品,供我在比赛时带入沙漠。在沙漠里要待上整整6天,每一天我都配备营养搭配堪称完美的粮食和水分补给。

训练自己的身体,也要训练自己的内心

在"商人协会"餐厅,再一次与弗里曼聊天时,我讲述了近日来的经历。他同样认为我取得了不错的进展,但我在科堡比赛的后段注意力无法集中的情况,令他尤为担心。我的心智还不够坚定,无法将注意力集中在需要注意的事情上,而且我的注意力仍然很容易受自己想法的干扰。每当感到疲倦或害怕时,我就会变成自己思想的俘虏,我脑海中酝酿着的风暴向我席卷而来,我无法自控。即便没有遇到危机要解决,我的大脑也可能会突然走神。有时,我甚至无法注意到自己在和内心的对话中已迷失方向,思绪从一个话题向另一个话题自由飘飞。

弗里曼建议我试试几十年前流行的零重力漂浮舱。我喜欢这个主意,于是在墨尔本北郊找到了一家拥有此类设施的漂浮馆。我在一个装满盐水的小舱里,轻松自在地漂浮了一小时。漂浮舱足够大,所以我没有撞到舱壁,舱内也没有任何来自外界的干扰,没有噪声,没有光线。我感觉不到自己的重量,没过多久,我开始感觉自己像是在太空中漂浮。不过我没有待太长时间,因为我不想因此引发幽闭恐惧症。

在漂浮时,我从平时的感官超载中解脱出来,感到全身心都放松下来。此时此刻,除了我和我的大脑以外,别无他物。这无疑是一个完美的契机,借此机会我可以来观察我的大脑在完全无事可做的情况下,究竟会想些什么。我发现大脑最喜欢思考的两个话题:过去和未来。

我既会沉湎在无法改变的过去,也会担心未来可能发生的危险。我的理智告诉我,我唯一能够影响的只有当下。即便如此,我依然感到很难不迷失在自己的思绪之中,实际上,如果真能掌控自己的思绪,在我看来几乎可以算是一门真正的艺术了。当我身处漂浮舱中,我感到能够更好地做到这点。

于是我将定期漂浮纳入准备计划中，并称之为"盐箱训练"。弗里曼还提出一个令我印象深刻的理念，即通过实践体验而非理论去训练。以体验为基础的训练，旨在通过亲身尝试、亲眼见证，来确认究竟哪种方法有效。弗里曼竭尽全力不让我陷入过度思考之中，不让我困在大脑的胡思乱想里。我也已经见证了理性思考并不能帮助我超越自我，反而会限制自我，它无法给我带来任何深刻的启示。在后来的聊天中，弗里曼提到了一篇值得一读的科学论文，丹尼尔·钱布利斯的《用平凡打造卓越》(*The Mundanity of Excellence*)。

通常来说，任何与理论有关的事情都会很合我的胃口，然而那段时间我忙得都忘记了将这篇论文找出来细读。我在公司晋升了，突然之间工作量翻了不止一倍，我认为，这是公司对我在较为专制的工作环境中一直坚持重视团队建设的肯定，然而此时晋升对我来说并不是理想的时机，因为距离大红跑仅剩6个星期了，我将工作之余的精力全都放在即将到来的巅峰训练周上。在接下来的两个星期内，我要进行强度最大的训练，并了解清楚我到底准备得怎么样了。

随后的8天里，我跑完了4场马拉松。我还需要习惯独自跑步，因为科里和丽贝卡都不可能和我一起去沙漠。我在一星期内完成了3场马拉松训练：星期日在下着雨的墨尔本；星期三在蒙纳士大学实验室的跑步机上；星期六在刮着大风的阿波罗湾大洋路上。丽贝卡和我在阿波罗湾度过了周末。星期日那天，阿波罗湾在举办一年一度的大洋路马拉松赛，于是我借此机会给巅峰训练周画下一个完美的句号。

参加比赛带来的兴奋感和接近尾声的准备工作给了我极大的动力。阿波罗湾周围绵延起伏的丘陵为我们提供了观赏广阔海洋和狭长海湾的绝佳视角，我感觉自己像在山间盘旋，毫不费力地沿着延绵起伏的丘陵在阿波罗湾奔跑。巅峰训练周的准备使我信心倍增。最重要的是，我的身体在经历了一星期的巅峰训练后依然感觉良好，并且在接下来的一星期里也恢复得很好。

在大洋路马拉松赛结束后，我明显减少了跑步训练量，这种状态一直持续到大红跑赛前。然而这并不意味着我的准备工作已经完成，事实上远非如此。在柏林马拉松赛之前，弗里曼就经常提醒我，要不断练习在压力下保持稳定表现的能力。现在我们还要更进一步，尽可能周全地考虑到我可能会遇到的突发状况，这主要是为了尽量减少不确定性，以便我能更有底气地去处理大红跑中实际发生的状况。于是，我在科里家的花园里搭了个帐篷睡了两晚，以此来测试我的装备，同样我也需要适应在硬地面休息睡觉，以及在经历一晚质量较差的睡眠之后，第二天还需要强撑精神，接着跑步的情况，这都是在大红跑中要面对的。不过至少在沙漠里，我不会被科里家那只热情活泼的狗给舔醒。

一直以来，弗里曼都在确保我永远也不会得出"我已经准备得足够充分"的结论，因为如此巨大的挑战容不得半点自满。他时常打乱我的行事方式，并敦促我寻找更有效的方式。我为备战大红跑付出了极大的努力，自然也不会允许自己在最后关头掉链子。我曾在工作中屡屡遇到类似掉链子的状况，例如虽然为某场重要的演讲做足了准备，但没有花时间排练，或者忘记检查会议室的设备是否能够正常工作。但这一次，我要确保万无一失，为可能出现的各种比赛状况做好准备工作，直到十拿九稳。其中最关键的一环就在于每个赛段结束后的30分钟，虽然到时我会筋疲力尽，但仍需拉伸酸痛的肌肉，并为第二天的跑步做好准备。

让"探险者小人"掌控大权

就在我以为已经尽我所能时，突然想起弗里曼提到的那篇关于运动研究的论文，此前我把这事忘得一干二净。当我下载并读完这篇论文之后，整个人醍醐灌顶。这篇论文完美总结了我和弗里曼共同经历的旅程。以前，我苦苦询问弗里曼关于训练方法的理论基础，但他避而不谈。如今，当我不再渴望用理论来理解这些训练方法时，他却双手奉上。多么用心良苦。

钱布利斯在论文中所提出的"用平凡打造卓越"理论，论述了直面重大挑战并做好准备的关键。钱布利斯对不同水平的游泳运动员展开了调查，其中也包括奥运选手，以判断哪些因素能够帮助运动员获得卓越表现。他的研究表明，运动员表现是否卓越主要取决于他们能否找到引发阶跃变化的机会。奥运选手不仅会提升自身的技术水平、身体素质、睡眠质量和饮食习惯，还会完善比赛策略，提升在压力下保持稳定表现的能力，同时优化自己使用的装备。他们很少会受高温和风雨天气等外部环境的干扰。相较于区域级别的选手而言，奥运选手的整个培训方式显得截然不同。他们之所以能够实现更为卓越的表现，是因为他们能够将精力集中于关键事项上。

奥运选手对提升自己成绩的方法了然于心，这意味着他们不会将大量时间花在一般训练上，而是会刻意练习他们的优势所在，会专注于学习需要掌握的内容，而非已经掌握的内容。在读完论文后，我意识到弗里曼一直带领我走在正确的道路上，这大大增加了我参赛的信心。

正如我之前经历的那样，通过加倍努力带来的收获有局限性。想要获得卓越表现，我必须采用一种不同的、更为有效的方法，而这正是"右转"的意义。为了参加大红跑，我的准备工作涉及方方面面，远不止提升身体素质这一项。除非参赛者改变自己的训练方法，否则将无法提升自己的表现等级。无论是在体育领域还是在商业领域，业内专家都需要找到一些关键的训练方法，将自己的能力提升到新的水平。我只希望冥想、盐箱训练、为我量身定制的补给方案以及心理训练等准备，能给我带来优势。

在前几个月中,一旦我有了新的想法就会立马行动,这一点对我帮助极大。迅速跨入门槛是进入未知领域的最佳方式,因为拖延很容易导致我们最终不会采取任何行动。以前,我认为是理性思维束缚了自己,如今我认识到这种理性其实是戴着面具的自我怀疑,正是这种心态将我限制在舒适区内,使我远离未知的领域和未知的事物。而接受不确定性和允许自己迈入未知,才是我获得成长的关键。也正因如此,之前在我内心中由"功利小人"牢牢掌控的大权,如今已经转到了"探险者小人"手中。

钱布利斯在论文中指出,运动员的表现取决于他们的自律程度,所谓的天赋可能会让人拥有一定的起跑优势,但没有人能够在不努力的情况下取得登峰造极的成就。天赋的重要性并没有那么高,对此我深有体会。从我在科隆第一次参加马拉松赛开始,我用了10多年的时间才把成绩提高了90多分钟。人们通常会在事后将一个人是否取得卓越成绩归因为他是否拥有天赋,并将天赋视为一些人能够进入更高领域的根本原因。实际上,这些人能够取得更加优异的成绩,是因为他们的准备方式更加全面、得当和有效。

不仅要学习技能,还需要通过刻意练习将其有效植入稳定的常规模式中,这一点至关重要。新的常规模式能释放我们应对突发事件的潜力。我们不再需要对基本活动做任何思考,而是可以直接交由大脑的自动反应行为模式去处理,这就是自律发挥作用的地方。只有勤勉努力、持之以恒,才能获得卓越的表现。如何灵活地在实践中测试新想法和严格地提高结果稳定性之间取得平衡,对我而言还比较生疏。但最终两者需要结合在一起。人们常认为自律仅意味着不断鞭策自己,这其实是一种误解。

受"用平凡打造卓越"的理论启发,我决定在前往昆士兰州伯兹维尔比赛之前将该理论付诸实践,我将引入一个新元素并勤加练习。那时距离比赛大约还剩两个星期的时间,南半球已经入冬,6月的墨尔本十分寒冷,这对任何想为进入沙漠环境做好准备的人而言,都绝非一个理想环境,因此我决定在高温舱中训练。然而,在对提供此类服务的场馆地址、营业时间以及价格等方面进行综合考量之后,我发现可行性为零,但是我找到了另一个解决方案。

我租了一台跑步机放在厨房里,关上所有的门后,我便拥有了自己的高温舱。我打开家里的加热器,又在跑步机前放置了一台加热器,这样热风就不断地向我吹来。然后,我穿上长袖衬衫便开始跑了。这样一来,我可以每星期7天全天候地、随时随地使用高温舱,还无须为此往返于家和另一个地方,不仅如此,高温舱离我的浴室仅有几步路距离。我完成了7次在高温环境的训练,每隔一天跑一次,一次最多两小时。虽然我曾在文章中读到过,我们的身体能够适应它们置身的任何环境,但在高温训练的早期阶段,我仍不相信这种说法。第一次的高温训练苦不堪言,简直糟糕透了。在高温环境中,我呼吸困难,大汗淋漓。仅仅过了20分钟,我就想停下来。然而后续训练的进展很快,到第一个星期结束时,我对炎热环境适应了许多,在最后一次训练时,炎热环境对我而言已与正常环境并无二致。

无论在大红跑中将面临什么,我都准备好了。在准备阶段中的频频"右转",给我带来巨大的影响,最重要的是我有勇气大胆地去创新。虽然我未能找到一种能使自己突飞猛进的灵丹妙药,但我已经尝试融合了许多以前从未尝试过的方法。我可以看到自己在弗里曼的指导下发生的蜕变。之前只是一心想要通过加倍努力来抵达下一个顶峰,而当下我已经学会如何用更合适的方法使自己成为一名更优秀的跑者。对我而言,个人发展的重要性已经超越取得成功的重要性。我已经拥有一个强大的"心理工具箱",也已学会如何应对未知挑战,尽管我还不能确定自己能否在大红跑中将所学稳定地发挥出来。现在是时候测试这些出色的准备工作将使我在实际比赛中获得何种表现了。

长跑启示录 Turning Right

与自我的对话
TURNING RIGHT

- 你在生活中的哪些方面做着一成不变的事情?
- 你会把自我怀疑伪装成理性思维吗?你会因自我怀疑而止步不前吗?
- 如何才能成为一名更有智慧的奋斗者?

TURNING RIGHT

INSPIRE THE MAGIC

第 5 章

猝不及防的"突发测验"

任何突发状况的发生,都是一个自我成长的契机。

第 5 章 猝不及防的"突发测验"

> 冒险从某种意义上也体现了人的能力不济或事态的发展出了问题……因此，人在需要冒险的时候，往往会遇到一些极不愉快的经历。
>
> ——维尔哈穆尔·斯蒂芬森（Vilhjalmur Stefansson）
>
> 著名北极探险家、民族学家、作家

我终于踏上前往澳大利亚内陆的旅程，去面对即将到来的我一生之中最大的挑战。临别时，丽贝卡对我说的最后一句话是："相信自己，你已经做好了充分的准备。"我没有选择从阿德莱德出发，因为那样我要乘坐两天的巴士才能抵达目的地。我选择了从布里斯班乘飞机飞往伯兹维尔，只是该航班中途需要经停几个地方。

在抵达登机口前，我就偶遇了医生亚当·布朗希尔（Adam Brownhill）。他是此次比赛的急救医生，知道很多急救处理方法。他知道如何治疗水泡、解决肠胃问题，帮助我们缓解任何新出现的小伤痛，避免症状加重而造成严重伤害。当我正准备问他各种问题时，一大堆运动员突然蜂拥而至。这趟航班的大多数乘客都是参赛者，我不禁为其他同行的乘客感到抱歉，因为他们不得不忍受我们制造的兴奋氛围，虽然这种氛围大体上是愉悦的，但也免不了有些聒噪。我们给人的感觉就像是一群异常兴奋地在等着乘校车去参加集体出游活动的小学生。当然，我们早已不是学生，其中的一些人甚至已经过了退休年龄，但我们制造的噪声可以与一整个班级的学生制造的噪声一较高下。

在这群异常兴奋的运动员中，既有已经经历过数百公里不间断跑的"疯狂"超级参赛者，也有直到报名此次大红跑时甚至没有跑完过一场全程马拉松的新手。

我很快就做出判断：我是此次比赛中的唯一一个"正常选手"，因为我不属于上述两种极端类型。至于这一判断是否靠得住，我还有不少时间可以去检验。机场发布公告称，航班因大雾天气需推迟起飞，这意味着我们有更多时间来加深对彼此的了解。

这趟航班在抵达伯兹维尔前需经停几个地点，有些类似于乘坐城际公交巴士。除了出发地布里斯班，中途几个经停点是我从未听说过的：图文巴、查尔维尔、奎尔皮和温多拉。这些地名听起来自带"魔力"。虽然我已经在澳大利亚生活了许多年，但不知何故，当我即将乘坐托运着邮件和紧急物资的飞机飞越澳大利亚内陆时，我感觉它带给我的归属感又加深了一层。

好消息是，我们终于得到了起飞许可；坏消息是，尽管航空公司在乘客办理登机手续时已经对我们实行了"行李不超过14公斤"的严格限制，但货物、物资以及我们所有的行李还是太重了。我们不得不再三精简携带的物品，我反复斟酌携带哪些物品，整个过程对我而言无异于忍痛割爱。但航空公司又告诉我们，这趟航班无法托运全部行李，部分行李将由下一趟航班带到伯兹维尔。

第 5 章 猝不及防的"突发测验"

"别担心，朋友"

我们都知道那意味着什么。此次航班是比赛开始前从布里斯班到伯兹维尔的最后一趟航班，如果行李被留下，那就无法赶上比赛。

谁的行李会被留下？我们所有人都有了同一个愿望：倒霉蛋是谁都行，但千万不要是自己。倒霉蛋会有几个？会是哪些人？紧接着，我听到了工作人员叫我的名字，于是只好走到托运柜台前。我和其他几位乘客成了倒霉蛋。工作人员告诉我们，可以从大行李箱里取出几件重要物品随身携带。这种只允许带几件物品的处境，就像是在面对一个荒岛求生问题："你会带哪 3 件物品到荒岛上去？"然而这次不是假设，而是我们的真实处境。

我已经将随身行李塞得满满当当，不仅如此，我还背着双肩包，身上挂满了必不可少的跑步装备。而我的大行李箱中装的是我的睡袋、床垫、比赛时的食物、洗漱用品和用于抵御沙漠夜晚寒冷的保暖衣服等必备装备清单上的所有物品。

最让我伤心的是，我在蒙纳士大学实验室的跑步机上跑了 3 场马拉松，研究人员由此为我量身定做的比赛食物，也必须留下。最终，我决定带上一天的食物和一张床垫。我想着，到比赛时大概能找些有同情心的参赛者分享给我一些他们的食物。或许，伯兹维尔的哪位好心人会借给我个睡袋。我倒是不太担心必备装备清单上的其他物品，因为我知道赛事总监格雷戈·多诺万（Greg Donovan）肯定会理解我的处境。

当我们终于穿过停机坪开始登机时，我才看到停在面前的飞机有多小，但我还是不理解几个 14 公斤重的行李箱会给它造成多大的影响。那位通知我挑选必需品的小伙子看着我，向我道了歉，并在告别时对我说："别担心，朋友。你的行李箱会随下一班航班过去。"

我在澳大利亚生活了足够长的时间,以至于我很清楚:在大多数情况下,如果有人跟你说"别担心,朋友",那说明你确实该担心了。登机后,我找到座位坐了下来,望向窗外时还能看见我的行李箱依然躺在停机坪上。令人惊讶的是,整件"行李箱事件"并未使我方寸大乱。我始终保持冷静,并将注意力集中于解决我能力范围内的事情。我沉着冷静,心中毫无波澜。虽然整件事情令人很不愉快,但我相信接下来命运会眷顾我。虽然专为比赛配备的营养食品能让我在比赛时如虎添翼,但即使没了这些,也无法阻止我奔向终点。我依旧保持乐观心态。

直到这一刻,我才确信自己已经做好了准备。

通常会上演的消极内心戏没有发生,我没有回到被动模式。在过去,当事情的发展没能如我所愿时,我会变得十分沮丧。然而这一次,尽管我对整件事的结果很不满意,但也迅速适应了当前的状况。我接受了自己是那几个不得不留下行李箱的"倒霉蛋"之一的事实,也接受了我无法控制当前状况这一事实。一直以来,我都在学习不要去试图控制无法控制的事情。在登机口大发脾气,不会对事情的结果产生任何影响,只会让我陷入尴尬的境地。更糟糕的是,这种行事风格与我在父亲身上经常看到的幼稚行为如出一辙。因此,"行李箱事件"引发的种种不便既没对我造成危及生命的影响,还使我认识到自己已经取得长足的进步。于我而言,同样一件事,我现在的反应与接受训练之前对待此事的反应可谓是天差地别。弗里曼曾指出,从我在小事情上所体现出的适应性,就能看出我在应对大型突发状况时的态度。我相信一切都会顺利的。

第 5 章 猝不及防的"突发测验"

乐观的"倒霉蛋"准备好了

飞机终于起飞了。当空姐走过来时,我向她询问我的行李箱什么时候能够到达伯兹维尔,她微笑着说他们已经找到了解决办法。她非常笃定地解释,我的行李箱已经和我们一起登上了这趟飞机,之前航空公司似乎是使用了一种标准方法来计算乘客的平均体重,直到我们都登上了飞机,他们才意识到之前计算时未考虑到此趟航班上大多数乘客都是精瘦型的超级马拉松运动员。最终由于乘客的总重量较轻,我们的行李箱才得以登上这趟飞机。

现在,我可以充分享受这躺飞行之旅了。很快,布里斯班在我们身后越来越远了,而我们的视野所及也变成了乡村风景。坐在我旁边的是纳塔莉,她前两年连续参加了两次大红跑,但从未跑至终点。第一年,她因伤退赛;第二年,她因速度不够快,未能在其中一个赛段达标而被淘汰。今年,她又来了,没有放弃。她告诉我这一次她一定会成功,我希望她能够得偿所愿。比赛将证明她究竟是极具适应性,还是纯粹固执而已。无论如何,纳塔莉都将大红跑视为一件未了之事。她始终都没有放弃,这一点让我印象深刻。

在与纳塔莉的聊天中,我意识到,自己可能会出现无法完成比赛的情况,因为任何人都可能会受伤。但当这一念头出现在我脑海中时,我立刻就想到,过度思考可能的失败是毫无用处的,与其去思考失败的种种可能性,不如去想想成功于我而言究竟意味着什么。大红跑和柏林马拉松赛的情况类似,我都没有设定具体的目标。不将自己限制在任何具体的目标上,这对我大有裨益。目标可能有激励的作用,但同时明确目标也相当于给自己设了限制。这趟比赛的目的,在于寻找突破成长停滞期的新方法,突破成长停滞期比达成某个目标更为重要。在比赛中,最重要的原则是保持清醒,全神贯注,并挖掘出自己的潜力。这是一项全新的挑战,我对它将会带来的可能性一无所知。

尽管没有明确的目标，但我十分清楚成功是何种模样，将带给我何种感受。成功包括想要完成比赛的愿望，也包括我知道自己已经竭尽全力了。我希望相较于其他参赛者，我能跑出一个不错的成绩。然而，由于我并不知晓一同参赛的其他人水平如何，因此将我自己与其他大约 80 名参赛者做比较的意义有限。我对此次比赛结果满意与否不应由最终的比赛名次决定，比赛的目的并不是"打败其他参赛选手"，而是要实现自身的成长。总而言之，如果我能够有效地应对意外状况，那就意味着获得了成功；如果在比赛时，我能跟随直觉行事，我将感到心满意足。跟随直觉，奇迹就有可能出现，无论它们会以何种形式出现。

飞机即将在奎尔皮镇降落的广播通知打断了我的联想。这些想法无一不让我感到愉悦，我的心情比几小时前在登机口时轻松多了。随后，仅有大约 600 位居民的奎尔皮镇出现在我们的视野之内，飞机即将降落并加油，我们也可以趁机午休一下。透过机窗，我只能看到红沙和一条通往几间房子的土路。大雾已经散去，又是明朗的炎热的一天。这正是我们在沙漠中将面临的天气：白天烈日炎炎，夜晚天寒地冻，只在清晨有片刻的清新宜人，此外，还有很多苍蝇。

随着飞机离伯兹维尔越来越近，我内心越来越兴奋。大家可能都在强装镇定。从空中看到的事物开始逐渐清晰起来。终于，我们抵达了伯兹维尔，我的行李箱也同时抵达，直到我亲眼看到它，我才真的放下心来。

伯兹维尔的一切都在步行距离之内，你完全不需要成为一名超级马拉松参赛者，就能轻松地将整个地方逛完。当我走过著名的伯兹维尔酒店时，我感到内心有些摇摆不定，这里是比赛的起点和终点。我意识到此次挑战将如我所想的十分艰巨。因此我陷入一种矛盾的境地：一方面，我此行就是为了迎接挑战；另一方面，我却渴望着舒适和安全。我必须相信，任何突发状况的发生，都是让我成长的契机。

所以此时此刻我来到这里，为了帮自己找到内心的平静，也为了不让自己太悠闲。我参加了赛前简要会议，然后逛了逛整个小镇。镇上的面包店出售极具当地特色的袋鼠派，在面包店的后院还有一只骆驼，面包店是要将这只骆驼宰杀食用吗？可能不是，当地人似乎十分关心动物。当地有一位居民不论走到哪儿都带着一只用毯子裹着的小袋鼠，这位居民告诉我，袋鼠妈妈被车撞了，当救助人员在她的育儿袋里发现小袋鼠时，他们将它救了下来。

比赛前一天，我四处走了走，并与当地人闲聊。我感觉自己像回到了小时候，激动地等待着圣诞节的到来。我越是期待重要日子的来临，手表似乎就越发走不动了。时间就像是静止了，而我的兴奋感却在不断飙升。我已经做了力所能及的一切准备，从沙滩跑到寻找完美的营养和水分补充方案，再到在厨房自制的高温舱中进行跑步训练。最重要的是，我的心态也已经训练到位了，现在是时候付诸实践了。

比赛当天，我在凌晨 2 点醒来，再也无法入睡。

与自我的对话
TURNING RIGHT

- 你是否曾超水平发挥，成功应对在生活中遇到的突发状况？是什么让你能状态良好地处理此类状况？
- 有哪些常规训练能帮你调整重大事件来临之前的紧张情绪？

TURNING RIGHT

INSPIRE THE MAGIC

第 6 章

极限穿越,沙漠的洗礼

计划简单，才能留出精力去应对突发状况。

第 6 章　极限穿越，沙漠的洗礼

> 经历本身并不重要，重要的是我们如何解读自身的经历……不要总是期望神迹会降临在自己头上。
>
> ——杨真善（Shinzen Young）
> 美国资深正念专家

距离比赛开始还有五个半小时的时间，我决定听听音乐，再梳理一下我的计划。梳理计划并没有花太长时间，因为计划很简单：将全部精力集中在比赛过程上；以舒适的速度跑步，这样我便可以每天坚持以相同的速度跑完整场比赛；每 15 分钟喝一次水；每一小时吃一次零食。这就是我的计划，看上去没有什么疏漏。

当然，每天越过终点线后，我还需要换上干衣服，补充能量和水分，处理水泡，然后舒展一下沉重的双腿。只有在做完这些之后，我才能用剩余的时间好好放松，并准备好下一阶段的赛程装备。正是由于这份计划十分简单，我才有更多精力去应对突发状况。

第一天，接受所有突发的意外

终于到了比赛这一天。太阳刚刚升起，所有参赛者齐聚在起跑线上——著名的伯兹维尔酒店门前。比赛的工作人员派发给我们每人一个定位信标器，如此一来，即便有人不小心偏离了赛道，也能被及时寻回。所有参赛者都站在那里，如同一群志同道合的疯子，一起等待着迈入未知之境。

我们中有许多人已经成为朋友。一位由赛事主办方安排的摄影师向我们走过来，对我们进行了简短的赛前采访，并将采访过程录了下来。

第一个问题自然是："你为什么要参加大红跑？"许多人给出的答案都惊人地相似。对着镜头，我还没来得及思考，就结结巴巴地回答完了这个问题："我之前跑了很多场马拉松比赛，这次参加大红跑，是为了跳出自己的舒适区。这场比赛应该很难，但我可以看看自己究竟能做到何种地步。"或许这个回答并不像我希望的那样清晰明了，但我已经阐明了最关键的一点：我的参赛驱动力。我一直认为知道自己"为何而做"十分重要，这种强大的驱动力将能助我应对赛场上的种种困难。

尽管每位参赛者参加大红跑的理由不尽相同，但当得知许多人都想要挑战自我时，我感到由衷的高兴。有些人"想挑战真正困难的事"，有些人"想知道我能不能行"，所以我并不是唯一一个初来乍到的人。我怀疑有不少人和我持有同样想法：如果我能完成比赛，那么其他人在看到之后就会受到鼓励，并相信自己也一样无所不能。

还有一些参赛者提到了这场比赛是为筹集 1 型糖尿病治疗方法的研究资金而举办，这也是主办方的目的。他们之所以来参赛，是因为他们自己或他们的家人患有这种疾病。一些参赛者说，他们想体验澳大利亚"史诗般广阔无垠"的内陆风景，来一个"超棒的地方"跑步，遇见一些"超棒的人"。

前几年担任过志愿者的人，这次以参赛者身份再度回到大红跑，重温昔日友情。不难看出，在这里，建立友谊的速度比在其他"普通"地方要快得多。

其中一些人还抓住机会幽默了一下。一位参赛者说："我没别的事可做了。""我很期待这为期6天的地狱之行。"另一位参赛者主动说道，脸上挂着灿烂的笑容。总的来说，大家都希望"能够全须全尾地跑完全程"。但我最喜欢的答案来自中国香港的一位运动员，他说："人生短暂，要去犯点傻、发点疯，才不枉此生。"

比赛即将开始。我们所有人都很兴奋，也很害怕，但我们都准备好了。伯兹维尔的居民在为我们喊倒计时："三！二！一！"

发令枪响起，所有人开跑。我们必须先在伯兹维尔跑上一圈作为开始，我险些被兴奋冲昏了头脑，差点冲刺起来。我的双腿十分有力，等了几个月，只为眼下这一刻。我们跟随一辆带路的警车跑出城，跑了大约10分钟后，我们离开了封闭的赛道，迈上了沙路。当我发现自己跑在第一个时，便在心里快速检查了一下自己的跑步速度。还好，我的速度不算快。虽然此前从未跑过分段赛，但我绝对不至于犯"一开始跑太快"的新手错误。直升机的轰鸣声打断了我的思绪，一名摄影师从中探出身来，向着远处拍照。我顺着他视线的方向望过去。

映入眼帘的是一个沙丘，紧接着是接连起伏的无数个沙丘，更令人担心的是，这些沙丘前面还有水坑，面积有小型湖泊那么大。这些水坑肯定是因为前两个星期伯兹维尔附近下的暴雨而形成的，这意味着弄湿脚是免不了的了，我们的脚一定会被磨出严重的水泡，但比赛才刚刚开始。正当我试图找出一条不用踩湿鞋的路径时，另一个参赛者从我身边跑了过去。"扑通、扑通、扑通"，他显然丝毫不在意水坑的事情。水坑的深度刚没过脚踝，他用了不到 5 步就跨过去了，继而上了沙丘，很快就消失在我的视线范围里。我观察着，冷静地试图找到更好的方法，突然我看到一些粉红色的小旗，它们在水坑之间标出了一条干燥的小路。我不知道自己为什么之前没有看到这些小旗，是时候重振斗志了。

每隔 20～50 米，就会出现一面粉红色的小三角旗，主办方将旗帜插在灌木丛或沙地的木桩上，以此为我们指路。当我抵达第一个沙丘的顶部时，我停了下来。下一面旗帜在哪里？事实证明，想要在红色的沙子中找到粉红色的小旗是一件很不容易的事。有那么几秒，我感到自己逐渐慌张起来。在我的准备计划中，并没有包含"找旗帜"这一项，如果我每跑一段距离就得停下来找下一面旗，那么这 250 公里的赛程也太难熬了。这简直糟糕透了。主办方为什么没有选择另一种颜色，或者换一种更简单的方法来标记路径？

管理我的思维，或者说练习"思维阻断"，一直都是我训练的一部分。当我在柏林马拉松赛中遇到类似情况时，我会弹一下手腕上的橡皮筋，防止消极念头进一步将我拖入困境。当下，我已无须再戴着橡皮筋，因为我已经能够清楚地意识到自己内心的变化。

我深吸了口气，就此打住消极的内心戏，并让自己放下心来。没事的，就算找不到粉红色旗帜，也并不意味着我会在整个比赛中受阻，我脑中想象出的场景并不现实。可下一面旗帜在哪里？我集中注意力，仔细观察四周，几秒后我发现了它，然后我又开始跑了起来。在接下来的几公里中，我依然会停下来几次，但渐渐地，我发现自己找旗帜的技能越发纯熟起来。在抵达第一个检查站时，我已然成了一名"找旗大师"，并重新跑到领先的位置。

在第一天的赛程中，我们穿越了许多沙丘。每个沙丘之间的山谷都给我们带来了不同程度的挑战，但最糟糕的莫过于风棱石平原。赛事组织者曾特别提及在风棱石平原上跑步十分困难，由于我之前从未见过风棱石平原，所以稍感焦虑。风棱石平原是一种布满密集的中小型岩石碎块的平原，其中还散布着中小型的鹅卵石，平原表面极不平坦，我的脚几次碰到锋利的石头。我十分小心，尽可能避免扭伤脚踝。因此，我不得不集中注意力，尽量抬高脚并保持耐心。

没过多久，我就感觉自己已经能在风棱石平原上健步如飞了，这简直太有趣了。我曾在柔软的沙滩上训练了无数小时，但当下仍不敢有丝毫懈怠。我在奔跑，不，我在赛跑。我发自内心地热爱这种状态。我是不是有点忘乎所以了？不，我不这么认为。我整个人状态极佳：全身心沉浸在跑步之中，小心避开带有尖刺的植物，跨过干燥沙漠地面上的坑；向上翻越柔软的沙丘，然后沿着沙丘的另一边跑下来；同时，保持着跑步的节奏。我感到很放松，整个人与我正在做的事情融为一体，我感到自己无所不能，感到自己已经突破了肌耐力和肺活量的限制。

最重要的是我并不担心结果。"尽管放马过来，且看我如何应对。"这是我的个人箴言，我甚至丝毫没有想过下一个沙丘会是什么状况，下一步可能会变得多么沉重，一旦兴奋感褪去我会感到多么疲惫，等等。我也没有去想在这一场为期6天的比赛中，为后面的赛程保存更多体力是否会是一个更加明智的策略。我着眼当下，身心完全同步，与这敌意满满却又美丽异常的沙漠融为一体。我贪婪地欣赏着澳大利亚内陆的美景，对城市马拉松赛沿途千篇一律的风景再无半点留恋之情。

第一天的最后一个难点，是跨越辛普森沙漠最大的沙丘，即大红沙丘。如果说我为哪件事情做好了最充分的准备的话，那必定是在柔软的沙子上奔跑。每跑一步，我都会深深地陷进沙里，需要非常努力才能继续前进，同时我的胸腔里心跳如雷。我即将迎来第一赛段的胜利。我只需再往上爬两公里的沙丘，然后顺着另一侧跑下去就能抵达终点线。然而前方突然出现了另一件令我意想不到的事。

当跑到大红沙丘的顶部时，我发现沙丘上有脚印，然后我看到在前面几百米处有另一位参赛者。这怎么可能？我确定自己是领先其他人的，在最后这35公里出头的赛程中，除了检查站兴高采烈的志愿者，以及为我们这些疯狂的参赛者拍照的摄影师之外，我没有看到其他人。我怎么可能落后于其他人？多想无益，我能做的无非就是加快步伐，赶在终点线之前超过他。这家伙速度倒不是很快，但那时我们离终点线已经很近了，我得赶紧超过他。之前进行的沙滩跑训练，使我掌握了如何在沙地上快速奔跑的同时脚又不至于陷得太深，以免最终筋疲力尽。我们之间的距离不断缩短，就在我们顺着粉红色旗帜的指引，离开沙丘奔向第一个露营地时，我赶上了他。

我没想到前面会有人，这家伙似乎同样没想到会有人追上他。当我悄无声息地接近他时，他吓了一大跳。当他转身时，我才恍然大悟，原来他是赛道标记员。赛道在比赛前一天才设好，他的工作是确保在整条赛道上设置足够数量的粉红色旗帜，以引导我们跑完42公里的赛程。

最终我超越了他，并在一分钟后越过了终点线。事实上，我在终点线还没设置好的时候就已经跨过了终点。赛道标记员和赛事总监都对我的出现十分意外；没人预料到我会出现得这么早。我最后以3小时44分的成绩完成了第一赛段的比赛，并创下了该段赛程的历史最佳成绩，比之前最好的成绩整整快了半个多小时。

比赛后，人们将我团团围住，问各种各样的问题，然而当他们听说我是超级马拉松赛和多日分段赛的新人时，纷纷露出一副恍然大悟的表情。在他们看来，我跑得太快了。别人好坏参半的反馈，并没有让我意外：一方面，他们祝贺我跑出了很不错的成绩；另一方面，他们对我尚不知如何调整自己的速度而感到遗憾。在他们看来，我跑出的成绩证明了我还是此类比赛的新手，并且在多日分段赛中犯下了新手经常会犯的错误：在第一天就耗尽了自己的体能。

只是我并不觉得累，我感觉很棒：经过数月的准备，我终于如愿地参赛了；我在比赛中也顺利克服了高温环境的不良影响；成功应对了各种意外状况，比如避开水坑、寻找粉红色的旗帜、跑过风棱石平原以及遇到标示跑道的赛道标记员等。经历的这一切都让我感觉棒极了。

"右转"对我而言是不要试图去控制根本不可控的事情，而应将注意力集中在过程本身。当焦虑情绪出现时，我及时阻止自己产生消极的想法，保持冷静，相信自己能够处理好眼前的状况，就像发生在布里斯班机场的"行李箱事件"那样，我没想到学会如何应对突发状况能带来如此大的裨益。我的准备工作很到位，训练自己跑得更快无法帮我应对这些意想不到的挑战，只有训练我的思维，才能让我成为一名更加优秀的运动员。我内心的"探险者小人"成了我最好的朋友。如今，前路上还有多少惊喜在等着我呢？

在不到 4 小时的时间里，我信心倍增，相信自己绝对能将 250 公里跑下来。这一荒谬的距离不再令我感到害怕。从其他参赛者、志愿者和观赛者的评论和语气中不难得知，他们都认为接下来的一天会比较轻松。不过，显然，在他们看来对我而言并非如此，第二天的赛程会给我这样不知深浅的新手上重要的一课。

第二天，放下恐惧，放下理性思考

我一连两个晚上都没有睡好。跑完一天的马拉松之后，在帐篷里睡觉显然无法让身体得到充分恢复。终于，营地里有人开始活动了，这意味着我们也该起床了，尽管天色依然很暗。沙漠的夜晚非常寒冷，许多参赛者一起挤在篝火旁，手里拿着早餐。我的早餐是一份粥和一杯加了奶粉的热巧克力。虽然要再跑一场马拉松赛确实有些令人生畏，但相较于上班，我更愿意待在这里。我站在篝火旁，抬起头来仰望夜空，发现这是一个寻找近地卫星和流星的绝佳地点。

距离发令枪响还有 10 分钟，我换上跑鞋，背起背包，却突然发现每走一步，脚后跟都会传来一阵剧痛。我没注意到脚后跟上长了一个巨大的水泡，虽然此时才发现是有些晚了，但我还是冲入"水疱诊所"，让亚当医生和他的医护团队为我"创造奇迹"。他为我处理完水泡的时间刚刚好，我及时赶回了起跑线，然后与全体参赛者一起出发。新的一天，新的一场马拉松赛。

我很快就忘记了脚后跟上的水泡。当然没有人能够像第一天那样精力充沛，但对于这场比赛究竟意味着什么，所有人都有了更深的体会，因此我们都比较放松。我们迈上另一条赛道，没过多久就跑到一条尘土飞扬的车站轨道上。

在这里完全无须顾忌是否会扭伤脚踝，只需放心奔跑，这当然是一个令人愉悦的变化。我飞一般地穿过了广阔的山谷，然后又进入心流状态，不再思考，不再担忧。我发现自己再次处于领跑的位置，并以相当不错的速度遥遥领先，今天每公里只跑了 4 分钟多一点。调整速度？不，才不要呢，我正跑得开心着呢。

第 6 章 极限穿越，沙漠的洗礼

第二天比第一天热多了，到了上午 10 点左右，太阳已经在以一种残忍的方式炙烤大地。当我抵达中途检查站时，后勤人员不断欢呼喝彩，我的精神也因此更加振奋，在剩下的赛程里，我只有孤军奋战了，能与我做伴的只剩一群挥之不去的苍蝇。后勤人员为我们（我和苍蝇）加的油、打的气，让我们顺利抵达下一个弯道。然后不知为何，我的双腿突然变得沉重起来，它们开始感到累了。

奇怪的是，我并没有将这一感觉当作坏消息。我未做多想，这仅仅是一个事实而已，我昨天跑了全程马拉松，今天又跑了半程，我的双腿很累是再正常不过的事情。有因必有果，这只是自然法则而已，我的内心没有上演任何"大戏"，我也丝毫没有感到方寸大乱。即便我的双腿有些累了，我也一直在跑，只是速度可能比之前稍微慢了些，但我一点儿也不担心。在内心深处，我知道得很清楚，我的双腿正在变成"沙漠腿"。

沙漠腿并不是一个真实的术语，而是我自己编造出来的，或许是因为太阳把我晒晕了，我逐渐失去了理智。虽然我尚能保持清醒的那一部分神智的确知道沙漠腿这个术语根本不存在，但当我向自己清晰地描绘眼下正在发生的事情时，这个词让我心生宽慰。在完全适应沙漠跑之前，我的双腿会很痛。而当我逐渐适应了之后，它们就不会那么痛了。这只是一个自然的过程而已，我没有必要恐慌或抗拒。这是毫无疑问的事实。

突破内心想法的局限，跑步变得轻松多了。我保持劲头，一公里一公里地坚持跑完了剩余的赛程。我没有试着去追赶赛道标记员，昨天的经历让他学聪明了，所以他今天早早就出发了。第二天，我以 3 小时 27 分的成绩完成了比赛，比同一赛段的历史最好成绩快了近 20 分钟。

我再一次让奇迹自然而然地发生，就像那次在莱斯特菲尔德的山丘上超越科里一样。解锁"魔力"的关键在于放下恐惧,放下理性思考。恐惧会引发对抗或逃跑的反应;理性思考则植根于我过去坚持的信念和经验,这两者均会限制我发挥。在比赛中,我跟随直觉,绕过恐惧和理性思考,让我实现超越自身的预期目标,再一次见证了超预期的表现。

我甚至没有做太大努力就取得这一成绩。我所做的仅仅是让事情顺其自然地发生,我没有积极思考,没有试图解决问题,也没有借鉴以前的经验。当我处在心流状态时,我的直觉直接为我提供了答案,当我面临第一天耗尽体能、第二天可能力不从心最终放弃的常规情况时,我的直觉向我提供了一个建设性的替代方案。这种模式与希望痛苦消失的思维模式截然不同,我没有拒绝痛苦,而是选择了接受当下的一切。这番经历使我认识到:当我的大脑中不再上演"内心戏"时,平时所受到的限制也就无法再束缚住我。这场比赛为我提供了成长的完美环境,让我得以见证自己爆发出的潜力。从小到大,我一直训练并依赖自己的理性思维,而在这次比赛中,我并没有试图通过理性思维去解决问题。遵循直觉显然是一种更为强大的思维模式,虽然这听起来很不可思议,很违反常规,但我对此毫不怀疑。正是跟随直觉才能引发奇迹,这是一个重大的发现,与我之前建立的关于世界的任何理性认识都存在着鲜明的冲突。

第三天,管理压力,专注让我们坚持下去

在连续两天打破比赛的历史纪录之后,营地里开始有不少人谈论我在第三个赛段能跑多快,我开始感觉到由此而来的压力。就连赛事总监也公开表示,他相信我能继续保持这一速度,再次创造佳绩。我虽然不希望别人对我的期望越来越高,但我也知道:无论是在运动领域还是工作领域,压力都是不可避免的一部分,关键在于我们如何应对压力。

第6章 极限穿越，沙漠的洗礼

一直以来，我未曾试图向那些怀疑我实力的人证明什么；如今，我同样不会去向那些相信我实力的人证明什么。我来沙漠参赛的初衷，是为了见证"右转"能让我走多远。在总成绩中，我已经领先了90分钟，但我还有160多公里要跑。吃完早餐后，我录了一段短视频来记录此时此刻的想法：

> 今天的主要问题是使用何种策略来跑完剩下的赛程。减速慢跑，还是按照之前的速度随心地跑？我已经考虑过了，回答这个问题的关键在于我此次参赛的目的。我的目的绝对不是赢得这场比赛，我来这里是为了挑战新事物，走出舒适区并激发自身的潜力。我已经做好必要的工作，也已经尽我所能地激发出自己的潜力。过去两天的经历让我认识到，即便我毫无计划，即便我完全不按常理出牌，我依然能实现看似不可能实现的目标。因此虽然风险较大，但今天我仍会选择顺其自然地跟着感觉跑。为何不这么做呢？不妨让我们拭目以待，看看今天结果将会如何。如你所见，我确实有点累了。昨晚是一个惊心动魄的夜晚，风很大。几名参赛者的帐篷都被刮坏了，而这场多日分段赛还没结束。在经历了水泡、睡眠不足等困境之后，所有人对比赛的体验又加深了一层。但整体氛围还是很好的。

所以第三天我并没选择减慢速度，这不是我此行的目的，我也不想过多地思考跑步策略。第三天的比赛以一种特别的方式拉开序幕：这里的原住民来到营地，祝我们一切顺利，并为我们打响了发令枪。我们每个人都知道，这场特别的"起跑仪式"之后，接下来会很艰难。我们要征服数十个沙丘和更多的风棱石平原，还要克服严酷的高温环境。

比赛刚开始，我们就直面挑战：再次翻越大红沙丘。我记得自己第一天在大红沙丘上跑时，我超越了赛道标记员，那种感觉棒极了。事实证明，我的大脑居然给我疲惫不堪的身体带来了补偿，使我完全忘记了身体的劳累和疼痛。我既没有将精力集中于保持领先位置，也没有态度消极地想着将今天撑过去。我长驱直入，在大红沙丘上第一个登顶，然后从那里开始独自一人继续跑；我既没有要获胜的念头，也没有要打破纪录的想法，我甚至压根都没想到过这些，我来这里是为了尽我所能地将自己沉浸于新挑战中，迈腿开跑。

我很好奇、有耐心，同时也意识到没有什么是既定不变的。对此我很理解，我知道，我能够在这些沙丘上奔跑的最关键原因就是我只专注过程本身。我一边跑着，一边喝些糖溶液，偶尔吃点小零食，并集中精力寻找下一面粉红色旗帜。除此之外，别无他想。我没有去想现在第二名和我差了多远的距离；我没有去计算待到今天完成比赛时，我能领先多少；我也没有去想我的双腿在比赛结束后可能有多累，或者在接下来的第四天，我将要如何应战。

在与弗里曼合作之前，我有一个跑步时喜欢玩的游戏，叫作"时间旅行"。在游戏中，我会沉浸于想象一些一厢情愿的场景或毫无意义的故事情节，这让我有一种能够预测未来的错觉。我在沙漠跑的比赛中玩"时间旅行"游戏的危险在于，我无法将精力集中于当下能给比赛带来好结果的唯一影响因素：跑步。如果做着白日梦的话，我将很容易忽略那些粉红色的旗帜。许多运动员因将注意力集中在结果而非过程，导致最后方寸大乱。我已经花了无数小时去训练，使自己能够在一种看似单调或者常规的活动中，将注意力集中于当下。现在，这种技能阻止我走神和过度思考，让我不会自乱阵脚。

当我进入一个高度聚精会神的状态时，我突然回想起一段童年的记忆。那时我应该是11岁，在一次体育课上，我们沿着一条运河跑了一公里，对于那个年纪的小孩来说，一公里已经如同一场超级马拉松了，而且我没有跑过比这更远的距离。当跑出第一名的成绩时，我感到很骄傲。当时为了能在跑步中坚持下来，我用了一个从我最喜欢的书中习得的技巧。那本书的主人公是一个名叫温尼托的人和他的朋友老沙特汉德。他们被恶棍们追捕，因此不得不在蛮荒的美国西部长时间地过着逃跑的日子，同时还必须尽量不让他们的马留下任何痕迹。为了减轻因逃跑产生的疲惫感，他们使用了一个技巧：先将注意力集中在右腿上，直到右腿感到疲惫，再将注意力转移到左腿上。以这种方式，他们几乎可以不用休息，永无止境地跑下去。

我一直对书中描写的这一技巧感到好奇，并向老师坦言我在比赛中使用了该技巧。当我将这个小秘密公之于众时，班上所有同学都笑话我，就连老师也置若罔闻，只是轻描淡写地说了句，她很高兴这一技巧对我管用。

我怎么会在大红跑中想起这段久远的往事？那个几十年前的未解之谜，在当下突然有了答案，这并不只是两个小说虚构人物所使用的魔法，该技巧完全合理，因为专注的内心状态能永远持续下去。

当这个想法形成时，我看到自己快要接近终点线了。我的双腿明显变成了沙漠腿，它们使我在迄今为止遇到的最难跑的地形上又打破了一次纪录。总体而言，我感到释然和愉悦，因为我成功应对了今天早上遇到的压力，这使我拥有更多的信心，不仅限于在沙漠跑领域。合理管理压力，在生活其他领域也大有用处。我此番寻求的更好的体验之旅，不是为了避开困难，而是为了以新的方式跳出舒适区，接纳不适应。正如我所料，结果无须我顾虑。

第四天，放弃掌控，全身心地沉浸在当下

大家都称第四天为"冲刺日"，因为我们"只"需要跑32公里。前一

长跑启示录　Turning Right

天下午，我享受了一次乘坐直升机穿越辛普森沙漠的飞行之旅。沙漠的景色令人叹为观止，我也提前查看了在接下来的比赛中我们将要面对的地形状况。视线所及之处，沙丘接连成片，一直延伸到远处的地平线，犹如一片由红沙和石头组成的海洋，偶尔能看到灌木丛和其他植被，几乎没有任何人类活动的痕迹。后续的赛程中，我们需要穿过干涸的盐湖，这算是新项目了。不过由于这段日子雷雨天气较多，盐湖可能并没有那么干燥。

我已经接受了比赛的整个星期都不能睡好的事实，也注意到这种情况并未对我的表现产生任何负面影响，相反，似乎身体越疲惫，内心反而越放松。到目前为止，我成功地跨越了所有的心理障碍。比赛再一次顺利开始，我立马找回了前一天比赛时的状态。当越过第一个沙丘时，我已重新进入心流状态，跑起来根本不费力。我速度很快，丝毫不觉得自己需要节约体力。目前在我看来，调整配速、节约体力是使我走向"以避免失败为动力"的第一步，而我所需要的却恰恰相反。如果选择安全模式，那我就很容易滑入被恐惧支配的跑步状态之中，同时我也将失去追随直觉、茁壮成长的机会。

到达盐湖时，我想也没想就直接穿湖而过，即便每跑一步，我的双脚都会陷入没过脚踝的潮湿盐泥之中。我保持着一种舒适的节奏，而且感到平静，没有丝毫的焦虑和压力，我的注意力集中在寻找粉红色的赛道标记上，而其他的一切都从我的意识中消失了，甚至包括我的自我意识。这就是我的新模式：专注赛跑，放弃调整配速。我曾读过米哈里·希斯赞特米哈伊（Mihaly Csikszentmihalyi）①在其《心流》（*Flow*）等书中关于"心流"的描述，然而无论是阅读相关书籍还是分析这种状态，远不及亲身体验来得丰富饱满。

---

① 积极心理学大师，著有《创造力》一书。他访谈了 91 名创新者，并在书中展示了其总结出的创造力产生的方式，并提出了令生活轻盈丰富的实用建议。这本书的中文简体字版已由湛庐引进，浙江人民出版社于 2015 年出版。——编者注

上次我经历与现在一样强烈的心流状态，还是在 2005 年。那时，我试图通过加强训练的方法来使自己的马拉松成绩突破 3 小时大关，却一直未能成功。后来我认识了一群跑友，他们的跑速异常快，我参与了他们的一次长跑训练，刚开跑我就后悔了。那天糟糕透了，不仅下着倾盆大雨，而且一起参加训练的那群家伙比我体力更好、速度更快；雪上加霜的是，训练地点还选在那时的我极不适应的丘陵地区。

然而当长跑训练进行到后半段时，情况发生了变化。我不再被自己的思绪束缚，而是全身心地去拥抱周围的森林、泥土和雨水。我听见了鸟儿的啼鸣，它们在抱怨着天气。我不再苦苦坚持，而是真真正正融入到队伍中，自信地奔跑着。我跑起来毫不费力，就好像我是在树林里滑行一般，我没有去想接下来还需要跑多远，我已经与跑步、与周围的环境融为一体。可惜好景不长，一旦开始思考，我一下子就从云端跌落到地上，思考既是我掉下云端的直接路径，也是我很少能够进入心流状态的原因之一。我是一个思考型的人，无时无刻不在对环境、他人或自己进行判断和评估。

自第一次"右转"以来，我已能更频繁地进入心流状态，这并不让人意外。不论是"右转"，还是进入心流状态，都需要我放弃掌控，全身心地沉浸在当下。这一刻，我在沙漠中奔跑，身心合一，完全同步，我也终于与自己达成和解。我身体的诚实和我内心的诚实契合为一，不再有任何冲突。显然，我的内心已经放弃了它惯常给我的身体施加的限制。

这是一种"相通"的感觉：我不仅仅在自己身上实现了"身心相通"，而且也与周围的环境实现了"物我相通"。我以一种突破极限的状态在奔跑，风暴聚集在我身边，时间变慢了，而我身处风暴的中心。在风眼里一切都平静而慎重。风险和我的创造力都提升了一级，我处于一个"一切皆有可能"的纯粹状态。

既然第四天是"冲刺日",当比赛接近尾声时,我以冲刺的速度跑到了终点线。令我吃惊的是,这场马拉松赛的成绩于我而言真的变成了次要的,我渴望的是自比赛开始以来,每天都在不断成长。这4天的赛程让我认识到,我此前一直因对自己能力的误判而频繁地给自己设限。而当我不再给自己设限时,将会发生什么呢?我创造出的"沙漠腿"就是其中一例。

沉睡的力量被唤醒,使奇迹成为可能。在这种情况下,我能够游刃有余地处理突发状况,并想出令人惊讶且创意十足的解决方案。如果说我从比赛中学到了什么,那便是相信自己的直觉,允许正在发生的事情继续下去。

由于第四天的赛程比前几天都短,所有的参赛者都早早地抵达了营地。我依然一丝不苟地完成了赛后例行休整工作。处理水泡已经成了一项必不可少的任务,医疗团队对我的双脚做了水平超高的护理。到目前为止,他们不仅已经熟悉了80名参赛者的每一只脚,还对如何给每个人提供最优质的护理了如指掌。在我看来,这实属一项了不起的成就。

比赛结束之后,我们在剩下的时间里好好休息,一起聊聊天,共同享受了一个无所事事的慵懒下午时光。那天的另一个惊喜是,这里的原住民还为我们所有人准备了烧烤午餐,庆祝我们筹集到的款项金额突破了20万美元大关。在一连吃了好几天的冻干食物之后,享用正常食物像是上辈子的事情了。这些牛排、香肠、面包,尤其是新鲜的水果,对我们来说简直就是一场盛宴。

然而,这个轻松的下午并没有让我们陷入一种虚假的安全感之中,因为这场比赛尚未结束,我们接下来将要面临的,是"惨绝人寰"的第五天赛程。自比赛的第一天开始,每个人都在谈论有着84公里赛程的、令人闻风丧胆的第五天。

第五天，与内心的恶魔正面交锋

第五天早上，几乎没有参赛者需要叫醒服务。沙漠清晨凉爽的空气里弥漫着紧张的气氛，每个人都严阵以待。我们第一次穿上了反光背心，戴上了头灯。当我们跌跌撞撞地在风棱石平原跑完第一公里时，天色依然是一片漆黑。我的双腿还没有醒过来，崎岖不平的岩石地面几次差点让我扭伤脚踝。这可不是一个好的开始。我心里还想着一件事：我没有领先。有两名参赛者跑得很快，我能看到他们的头灯在远处发出的亮光，似乎在取笑我。我已有所准备。根据往年经验，在第五天早上领先的选手当中没有任何一位参赛者能够保持这一优势，并最终赢得整场比赛。

在征服第一个风棱石平原后不久，我变得更加心浮气躁。一名志愿者将我拦了下来并告诉我，比赛控制中心通过无线电告诉他，我的定位信标器没有信号显示，于是安排他前来检查。定位信标器大概和我的双腿一样，还在睡觉。志愿者修复了我的定位信标器，却无法修好我的消极心态。周遭的黑暗环境映衬着我内心的感受：身陷黑暗的谷底，我的冷静和专注都去哪了？如何才能重回之前的状态，重新轻盈、自信起来？

我内心不同的"小人"在相互抱怨，但他们没能争辩出什么结果，比如我内心的"问题解决者小人"只想知道我需要解决的问题究竟是什么。我的双腿并没有感觉比前几天更糟，而且我平时的大部分训练都是在天未亮的清晨这一"毫无人性"的时段，只有这样我才能赶在上班之前完成训练，所以在天还没亮时就早起开跑，不应该是导致我心情如此沮丧的原因。我也并不认为是排在我前面的两名参赛者让我感到恐慌，因为我喜欢扮演追逐者的角色，并且会因为赶超他人而获得巨大的满足感。

当爬上另一个沙丘时，我突然认识到问题所在，这一认识几乎让我感到

长跑启示录　Turning Right

有些无地自容。简单来说，我害怕了。今天的赛程是我目前参加过的距离最长的一次长跑，我很清楚跑到最后我将有多痛苦。我预料到痛苦将至，但丝毫不想去面对。因为我怕疼。

至少，目前我已经认识到问题所在。但我该如何解决呢？时间一点点过去了，而我脑中上演的大戏丝毫没有要消停的迹象。相反，戏中还添加了更多细节，来向我描述到时双腿的感觉将会有多糟糕：它们会变得很僵硬，无比僵硬。眼下太阳刚刚升起，身前是我被太阳拉长的影子。我得跑上一整天，可能要一直跑到日落之后。这让我想起了以前在麦肯锡公司担任顾问的日子。那时候，我总是在黎明时分去公司上班，经常加班到午夜才离开。我一点也不怀念那种每天都超负荷工作的日子，并发誓再也不会继续这种亚健康的生活状态。内心深处，我似乎无法接受我要一直跑到天昏地暗、夜幕笼罩的现实。我思绪纷飞，大有歇斯底里之意。这对重新找回最佳跑步状态毫无助益，我必须让这些念头停下来。

在比赛开始一小时之后，我赶超了前面的两名参赛者并重新回到领先的位置，但我脑中的混乱思绪还在。泥泞的赛道上，突然出现了一个向右的急转弯，而赛事总监的儿子就站在拐弯处，向我们指明要跑的方向。他冲我喊道："凯，你太棒了！""那真没有！"我想冲他喊回去。他人很好，但只是一名旁观者而已；他根本无法察觉我今天的表现与之前几天有多么大的差别。

困境出其不意地造访了我。这不正是我训练的目的吗？想到这一点的瞬间，我知道了应如何找回跑步的节奏。我的心理工具箱中有好几套可以让我重回正轨的方法，比如专注呼吸。一、二、三，吸气；一、二、三，呼气。不幸的是，我内心"功利小人"的声音比我数数的声音更大，最终他让这一计划落空。"倾听鸟鸣。"另一个试图将我拉回正轨的声音建议道。将注意力

第 6 章 极限穿越，沙漠的洗礼

转向关注外界事物通常是有效果的，可惜的是，周围一只鸟也没有。除了苍蝇，我在这里见过的唯一动物就是一头牛，或者更确切地说，是一头死去了很久的牛的头骨。

我可能没法听到鸟的叫声，但一小时后，我确实听到了空中直升机飞行的声音。当直升机靠近时，我看到两名摄影师和比赛总监从机舱里探出头来。他们玩得很开心，而且飞行员也玩得很开心。当飞行员将直升机逐渐转向我这边时，一大片沙尘在我身边扬起。这一幕给了我莫大的鼓舞。

他们正享受着快乐，而我虽说只有痛苦相伴，但他们愉悦的样子使我记起了自己参赛的初衷。我此行的目的是走出舒适区，探索更多可能。是时候该改变态度了。现在是时候让问题解决者小人 S 与抱怨者小人 W 进行一场严肃的对话了：

  S：所以，你在害怕。
  W：是的，我不想体验痛苦。
  S：但双腿感觉还很好。
  W：它们待会儿就该疼了。等着瞧吧。
  S：凯，你可以的。
  W：不，我不行。
  S：不，你行的。
  W：不，我不行。
  S：但你前几天不都顺利做到了吗？！
  W：是的，前几天很容易。
  S：那为什么今天就不容易了呢？
  W：因为前几天只是普通马拉松赛而已，而今天的赛程远不止如此。

长跑启示录　Turning Right

　　S 和 W 的谈话来来回回兜了好几圈。照这样下去，明显聊不出任何结果。

　　　　S：凯，你只要像前几天一样自信就行了。只管跑。不要多想。只管跑就行了！

双方沉默片刻。

　　　　W：这对我来说有什么好处？
　　　　S：你就能早些跑到终点了呀。即便你可能无法在疼痛出现之前抵达终点，但越早抵达终点，就越容易使疼痛控制在可接受范围内。

这下说到重点了。S 似乎即将说服 W。

　　　　S：而且你知道吗，如果我们坚持以这个速度跑下去，我们便能在两三点钟到达营地，还能赶得上迟来的午餐呢。
　　　　W：午餐？那我加入！我们跑吧！

　　我知道，问题解决者小人 S 不断坚持，最终说服了抱怨者小人 W，同时我还发现了一件值得关注的事情：午餐。

　　我在路上还遇到两名志愿者。他们在赛道旁边点起了篝火，并给我递来一个烤棉花糖当早餐。但我没有停下来，只在跑过去的时候向他们喊道："对不起，没时间了，我得赶去营地吃午饭。"我再次找回跑步的乐趣，放下了一直在拖后腿的消极心态。又跑了一小时，我才完全恢复到前几天时的跑步的状态。顺着风，我毫不费力地在沙漠中滑过，兴高采烈地冲过了下一个检查站，浑身充满了干劲。我在执行一项任务：赶去吃午餐。

第 6 章 极限穿越，沙漠的洗礼

当我跑到赛程的一半后不久，我的双腿确实开始变得非常疲倦。然而，还有一段全程马拉松的距离在等着我跑完。在双腿疲惫不堪的情况下，我现在还要逆风而行。逆着风跑了几公里，我还天真地想：这种情况总不会持续太久吧。然而差不多 2 小时以后，我还在与无情的大风搏斗着，我彻底放弃了风会停下来的希望。我很累，但尽早完成比赛的念头不断推动着我前进。当内心那个抱怨者小人 W 再次冒出头来时，我短暂地失去了跑下去的动力：

S：这比我们今天早上刚开始跑那 30 公里的体验要好。
W：午餐吃脱水食物？我才不要呢！

即便如此，我还是坚持与逆风作斗争，直到抵达昆士兰州和南澳大利亚州之间的边境时，赛道终于改变了方向。终点线近在咫尺。最后一段赛道是一片干涸的开阔平原，开裂的地面上偶尔会长出灌木丛。远处，我们的营地看起来就像是一座海市蜃楼。它消除了我所有的疲倦，并默默地将我拉到它的身旁。我成功跑到了终点。

我以不到 8 小时的时间越过了终点线，再次打破比赛纪录，并将整个比赛的最好成绩缩短了 5 个多小时。

当我正要坐下来，享用最后一顿脱水食物午餐作为庆祝时，赛事总监递给我一个麦克风，邀请我发表一下当下的感言。我身披午后似火的骄阳，滔滔不绝地发表了一通长篇大论，他实在不应该递给我麦克风。我极少有机会感到整个人如此鲜活，思绪如此清明澄澈。

在演讲时，我谈到自己从此番经历中学到了哪些东西，谈到当天所克服的困难，以及在比赛过程中的其他领悟。获胜的荣耀既不在于我能跑多快，也不在于与其他人相比我更加怎样，令我真正自豪的是我在历经这一过程之后成为一个怎样的人。

那天的经历，最有趣的部分莫过于我身陷困境，不得不"挥剑斩龙"的时刻。那是在比赛的一整周中我第一次面对自己内心的恶魔，我与它正面交锋，展开了一场持续了好几小时的战斗。问题不在于赛程的长短，也不在于我的身体状况或者对比赛的适应程度，而在于我的内心。在比赛刚开始的几小时里，我一直没能获得那种"相通"的感觉。只有在获得这种感觉之后，跑起来才能毫不费力；若身心无法相通，想要跑出节奏只能是痴人说梦。当我回顾此段经历时，我才明白：无论是陷入困境还是走出困境，需要付出的努力是相等的。

这次经历提醒我，在压力下保持稳定表现是一件多么不容易的事。就在比赛前一天，我还天真地以为，只需要不过度思考，相信自己的直觉就可以了。然而"知"与"行"之间存在巨大的鸿沟。此次我可能打退了一些内心的恶魔，但距离要将它们彻底打败还差得很远。虽然赢得比赛的确使我欣喜若狂，但我依然能够清醒地认识到，我与内心恶魔之间的斗争远没有结束，还有更多场斗争在等着我。

从下午直到深夜，都不停有选手陆续抵达终点线。每当有选手抵达时，我们就会一起为他们欢呼喝彩。每个人都筋疲力尽，并且大多数人的情绪起伏都很大，他们迫不及待地要分享各自的心得体会。但真正的英雄是那些尚未抵达终点的参赛者，他们没能赶上在营地用餐，依然在孤军奋战。84公里的赛程充满了要参赛者放弃比赛的诱惑，然而没有一个人选择放弃。那晚，当最后一名参赛者抵达终点线时，所有人的情绪都激动到了极点。飞机上坐在我旁边的纳塔莉正好赶在官方限定的时间内抵达终点，这次她终于成功了。虽然她前两次都没能成功，但并没有因此气馁。在许多人都可能要放弃的时候，

第 6 章 极限穿越，沙漠的洗礼

她选择了坚持。她知道在困境中相信自己，也知道要如何应对挫折。

第六天，顺其自然，发现生命未知的精彩

在大红跑的最后一天，我们只需跑 8 公里回到伯兹维尔，就算圆满完成了 250 公里的比赛。在我们出发之前，营地里一个穿着仙女裙的小女孩请求我在最后的赛程中穿一件粉红色的芭蕾舞短裙跑完比赛，她问得如此诚恳，我只好答应。那时我们尚不知道，小女孩的这个想法创造了一个新的比赛传统。自那次比赛之后，大红跑的获胜者都会穿着粉红色的芭蕾舞短裙跑回伯兹维尔。最后一天的赛程只关乎友情。在不到一星期的时间里，我们之间建立的友谊日渐加深，并且共同经历了欢乐和挑战。随后，我们又一起跑完了象征着荣誉的最后一段赛程。终于不必再独自跑步，这令我很高兴，同时我利用这一机会不断与其他参赛者深化友情。等待着我们的冰镇啤酒将疲惫一扫而空，然而当天最令人为之振奋的，却并不是冰镇啤酒。

虽然这个最令人振奋的期待和啤酒一样也是湿的，但体积要更大一些。在使用湿巾擦洗身体来保持个人卫生近一星期之后，没有什么能够比长时间的热水淋浴更令人向往了。在伯兹维尔酒店办理登记入住后，我站在花洒下，感觉像是足足站了一个世纪那么久。

我对自己在沙漠中的整个经历和体验感到十分欣慰和满足，却并不是因为我做成了之前想都不敢想的事情，因为一次又一次的经历使我认识到，成功带来的满足感是多么短暂，个人成就感产生的幻觉总是很快就消失殆尽。而这一次却不一样，我知道我已经实现了个人的成长，并且获得了一个至关重要且影响深远的启示：在我们生命中最重要的事情，并不是去完成一些伟大的事情，而是敢于去追求想要成为的自己。

长跑启示录　Turning Right

我以寻求个人成长为目标来到伯兹维尔，最终收获了一种意义和目标感。参加大红跑丰富了我的人生，如今我需要确保自己继续走在个人转型的道路上。这条路究竟是怎样的，我并不知道，但我知道的是如果放弃掌控，顺其自然，我会因此变得更加舒心自在，我将能挖掘出连我自己都不知道的潜力。我一直很想知道这些可能性究竟是怎样的，而且在此行中，我还收获了3个让我出乎意料的领悟。

第一点，此前我一直将挑战视为要解决的问题。大红跑的超长赛程让我感到恐惧。当下我终于认识到，问题不在于山有多高，而在于我能否成为一名更优秀的登山者。答案就在我自己身上，专注提升技能，永远不能使我获得长足的进步，并且在面对棘手问题和艰难处境时呆若木鸡的状态，将使我无法跨过"解决问题所需的能力"与"我拥有的能力"之间的巨大鸿沟。想要跨过这一鸿沟，就必须从自身出发，改变自己对世界的看法，这样才能更自如地处理复杂的问题。历经此行，我似乎已经升级成一个更为成熟的操作系统，我对成功的极度渴望转变成对探索的纯粹追求，主动创新取代被动反应，表现卓越不再是比赛的目的，而只是一个令人愉快的附加结果。如果说稳定表现能够带来卓越，那么"右转"则能够带来奇迹。

第二点，我发现仅靠智力有其局限性。从小到大，我一直相信只要拥有足够智力，便可以掌握任何知识和技能，然而当下我体验到在解决复杂问题时，直觉的力量往往要强大得多。令人惊讶的是，跟随直觉往往能使我找到最佳解决方案。我的观念中出现的最大的一个转变，便是放弃对"我应如何感受和应对"的预想和期望。我不再做过多是非好坏的判断；取而代之的是，我逐渐认识到人生、我的人生以及他人的人生远比非黑即白的思维更加微妙。我在经历意识层面的彻底转变，以前"合理"的事情如今皆已被推翻。基于错综复杂的世界运行规则，如果我摆脱智力的局限的话，我还能发现多少新的可能性？

第6章 极限穿越，沙漠的洗礼

第三点，我对走出舒适区的重要性有了新的认识。当所处环境不完美时，奇迹也会发生，比如我跑出"沙漠腿"就是一个典型的例子。想要实现个人成长，我就必须放弃对可预测性的坚持。艰苦的训练并不是支持我取得现在成绩的主要原因，但敢于踏入未知领域并尝试新事物的勇气让我获得了竞争优势，也令我容易迷失。个中诀窍是找到更聪明的准备方法，而不是付出更多努力。我得出一个合理的结论，任何人都可以在热衷的事情上获得卓越表现，然而令我惊讶的是愿意接受这一结论的人并不多。也许是因为一旦接受了该结论，就必须面对一个可怕的现实问题："如果我不再是现在的我，那我将会是谁？"

我在大红跑比赛的第五天所经历的内心挣扎，明确地表明了我最强大的敌人就在内心。我尚未将其打败，我们之间在未来还有很多场恶战，我仍需学习如何更好地面对内心的批评质疑之声。如果我能摆脱持续不断的焦虑和内心的挣扎，那该有多好？生命当然充满很多未知的精彩，参加大红跑无疑激发出我探索更多可能性的好奇心。

我生命中最美好的一个星期即将结束。在大红跑结束后的第二天一早，我登上了返回布里斯班的航班。虽然我很想延长在沙漠中的停留时间，但我更高兴能够再次见到丽贝卡。她暂住在布里斯班她父母那里，并且也在准备一场比赛。丽贝卡报名参加了黄金海岸马拉松赛（Gold Coast Marathon），我很高兴自己能以一名观赛者而非参赛者的身份为她加油助威。这将是我第一次与她父母见面，幸运的是我实在太累了，根本紧张不起来。

我与丽贝卡以及她的父母一起度过了一个非常愉快的周末，可惜快乐的时光总显得那么短暂。几个月以来，我第一次能够全身心地放松，丽贝卡也在黄金海岸马拉松赛中跑出了新的个人最佳成绩，给这个精彩的周末带来锦上添花的一笔。我们都渴望在接下来的时间里能少些跑步训练，多挪出些时

长跑启示录　Turning Right

间去见见朋友，多休息娱乐，多花些时间在他人和自己身上，好好享受有葡萄酒和奶酪相伴的漫长下午。很快，随着丽贝卡的比赛结束，一切彻底告一段落，是时候该回到现实了。

与自我的对话
TURNING RIGHT

- 你内心的恶魔是什么样的？他们是"理性"的，还是爱自我批评或爱抱怨的？
- 回想一下你人生中处于心流状态时的高峰体验，你做了什么事情使自己进入了心流状态？感觉如何？
- 当处于心流状态时，你开启了哪些新的可能性之门？
- 为创造更多奇迹，你做了哪些准备？
- 如果你不再是现在的你，那你将会是谁？

TURNING RIGHT

INSPIRE THE MAGIC

第 7 章

内心的试炼，沮丧与恐惧袭来

只有当我们在濒临失败的边缘反败为胜时，才能收获真实而持久的满足感。

第 7 章　内心的试炼，沮丧与恐惧袭来

> 我们的"身"与"心"会处于相互斗争的状态……大脑会发出身体拒绝服从的指令，而身体也会产生大脑无法理解的冲动。
>
> ——阿伦·瓦兹（Alan Watts）
> 英国哲学家

在完成各自的比赛并享受了昆士兰州温暖宜人的气候之后，丽贝卡和我又回到了正值寒冬的墨尔本。这里冬季的白昼短暂而寒冷。职场困境并没有留在昆士兰，我才离开公司一个星期，乏味的日常工作似乎变得更加令人难以忍受。工作环境也越发糟糕，员工们都称办公室为"冥界"。

企业文化的衰落速度起初还是缓慢的，但到了某一时刻之后，这种衰落趋势就会变得迅猛且势不可当。员工之间曾经能够以友好合作的方式讨论和开会，而今大多数互动似乎都充满了争权夺势和尔虞我诈的暗流涌动。员工之间的合作已经变成互相拆台和明争暗斗。每个人都渴望被鼓舞的感觉，更确切地说是渴望成就感，然而每个人都忙着追逐眼前的利益。来自高层的指示变化无常，我们晕头转向，甚至常常搞不清楚自己要打的是哪一场"仗"。我真希望自己有能力去修复垮掉的关键环节。

此前，我在沙漠中经历了充满"魔力"的一个星期，现在却每天都置身于这种充满敌意与紧张氛围的工作环境之中，两相对比，结果只能令人更加沮丧。管理层旨在释放每个人全部潜力的"激发魔力"计划，似乎也早已被抛到九霄云外去了。就目前的情况而言，如果能在整场会议中不遭受任何羞辱地幸存下来，我们就已经心满意足了。每个人都在情绪表达上浪费了太多精力。

在为大红跑做准备期间，我因自己有更重要的事情要做，所以就对工作中发生的一切睁一只眼闭一只眼。如今，随着工作环境被阴沉的氛围一点点侵吞，我再也无法视而不见。公司里盛行的标语是战争式的"击败竞争对手"，而不是将精力集中到客户身上。一次又一次，每当我以为我们已经跌至谷底时，情况都会变得更加糟糕。

孤立无援，那就自己采取行动

一天早上，当我们在会议室里落座时，会议负责人按下了按钮，将会议室透明的大玻璃墙变成不透明的颜色，这样其他同事就无法看到会议室里的情景。那一刻，我内心想要辞职的念头变得十分确定。显然，领导层认为，整个公司过于松散的管理模式令他们无法容忍下去，因此他们将采取一种更独裁专横的管理风格。

尽管领导层在会议上提出的独裁式管理风格在会后被逐渐淡化，不了了之，但对我而言，那次会议是一个巨大的转折点。我再也无法忍受企业文化与我个人价值观之间的巨大冲突。

这种管理中的专制型姿态和攻击性我再熟悉不过了，对于哪些应对策略

第 7 章　内心的试炼，沮丧与恐惧袭来

注定会失败、哪些能够奏效，我也有着丰富的经验。多年来，我在面对父亲时一直保持卑微的姿态，但这丝毫未能使他有所收敛，我也一直试图弄清他究竟想要我怎样，我以为只要弄清楚，就能尽量去满足他的期望。然而，最终我发现，他对控制权的欲望是我无论如何也满足不了的。在"服从"策略失败以后，我开始尝试第二个策略：避免冲突，争取实现和平共处。

那时，家中出现了一个能让我尽量少与父亲共处一室的机会，我立马抓住了这一机会，从一楼的卧室搬到地下室。地下室的位置偏僻，是一个会让大多数人想起老式监狱的地方。这里几乎没有自然光能够照进来，还安装了坚固的铁条防盗窗，潮湿的墙壁和冰冷的地砖无一不体现着这里并不是什么舒适的地方。但正因为它如此偏僻，使得"怀有恶意之人"不愿涉足，我才拥有了一定程度的自由。我终于有机会远离父亲恶劣行为的不良影响，甚至有时间去发展一点自己独立的性格。面对父亲时，我经常不得不为做真实的自己而与他抗争。在减少与他的接触之后，我开始有机会发展出真实的自我，并更加深入地了解我想要成为一个什么样的人。虽然在物理距离上被"边缘化"了，但在精神上，我依旧保持着骄傲和自尊。但我不能总躲在那间小小的地下室里，这也只是一时之计，无法从根本上解决问题。我认识到，家里这位"独裁者"几乎每星期都会通过各种各样的方式向家中其他人强调一遍，谁才是这个家的绝对统治者。

作为一名青少年，我可能没有太多斗争经验，但那时的我也意识到了，只有通过革命才能彻底推翻这位"暴君"的统治。可悲的是，我计划的行动失败了。有一天，父亲对我大打出手，最终我实在忍无可忍。记得那天的天气阴郁灰暗，我鼓起极大的勇气去警察局报了警，并请求他们的帮助。然而在那些警察看来，我不过是被父亲扇了几巴掌而已，他们根本不愿意为此等毫无意义之事离开温暖舒适的警局办公室。

我十分绝望。但至少从这件事中，我认识到在绝境中指望外界援助是多么徒劳。在接下来的几个月里，我意识到结束痛苦的唯一方式就是挺身而出，自己处理。那时的我虽然长大了一些，却尚未学会如何保护自己，不过抱着泰迪熊啜泣的日子已经越来越少了。

正如儿时的我对自我认知日渐清晰，当下的我也很清楚：除非改变公司整体的领导风格，否则这令人窒息的工作环境就不会有任何改善。难道我从欧洲不远万里来到澳大利亚，就是为了将过去的经历再重复一遍吗？然而真实情况似乎就是如此，无论我走到哪里、无论我做什么，整个世界都对我充满敌意，而我只能孤军奋战。多年以前，我就曾暗自发誓永远也不要再成为受害者了，所以面对当下的工作环境，我不得不采取行动了，而且刻不容缓。但不论是牺牲我的价值观，还是发动一场注定失败的"政变"，在我看来皆非良策。

一直以来，我都试图打造一支高绩效的工作团队，来抵抗公司里无处不在的令人窒息的企业文化。但现在，我也不能继续使用这一策略当挡箭牌了，因为这种做法达到的效果远远不够。作为一名资深管理人员，我不能将视野局限在一个只向我汇报的团队之中。如果真的身陷孤立无援之境，那也只能由我自己来采取行动、做出改变了。于是，在某商务公司打着"重振企业文化"的招牌向我兜售了一套解决方案之后，我在公司主动发起了一个相关项目。

但没过多久，该项目就失败了。这不仅使我幻想破灭，也使我认清了自己有多么幼稚。我所购买的"解决方案"只不过是一套组织机构重组方案，但我居然幻想着靠在组织结构图上稍作修改就能解决问题。这种做法当然是不可能的。在我看来，问题的根本原因出在领导层的管理方法和行为上。只有从内部出发，彻底提升企业的成熟度，才能更顺利地解决外部问题。我感到自己别无他法，只有辞职一条路可走了。但我决定按自己的方式辞职。

第 7 章 内心的试炼，沮丧与恐惧袭来

我在小学时因冲动而做过一件令我抱憾至今的事，所以我再也不会重蹈覆辙。那件事至今仍令我记忆犹新，我的所作所为当时只是为了伤害一个人，而我很快就感受到了此举给我自己带来的痛苦。7 岁那年，我妹妹出生了，于是全家从科隆市中心的公寓搬到了郊区的一所带花园的房子里，我不得不结交新的朋友。最后我和住我家附近的女孩劳拉成了好朋友，大部分时间我们都在一起玩。暑假里的一天，劳拉和我发生争执。我很快就忘记我们究竟为何争执，但依然记得这场争执给我带来的感受：刚开始我很伤心，然后愤怒到极点。一气之下我将劳拉从我生活中彻底推了出去，想让她吸取教训。从此，我再也没踏进过她家一步。我们再也没有一起去阁楼、去花园的树屋里冒险。我心硬如磐石，彻底切断了我们之间的一切联系，但此后的每一天，我都为此后悔不已。

所以，与其现在一气之下盲目行事，不如细细规划一条适合我的辞职之路。目前的问题已经不再是要不要辞职，而是什么时候辞职，以及下一步该做什么。我仍然对公司的股权激励计划感兴趣，在接下来的打算尚未确定时，这项股权激励计划能使我的生活更有保障。因此，我打算 4 个月之后再辞职。加上辞职之前的 6 个月通知期，我将有足够的时间想清楚自己未来的职业发展方向。理想情况下，我希望在下一份工作中既能培训高管，打造一种高绩效企业文化，又能更加完整地利用我在运动方面的体验和感悟。

身穿国家队运动员比赛服参赛？

就眼下的情况来说，我需要到工作之外寻找对未来规划的灵感。我渴望回到大红跑为我打开的神奇世界，那才是我应该待的地方。在那里，我不仅心情无比激动，而且感觉自己置身世界之巅，能够打破所有内心的局限，克服不安全感。同时我也没有忘记自己曾经经历过的那些艰难困境，不论是雨天早起晨跑，还是为了兼顾运动、工作和社交生活所面临的种种挑战。但那些挣扎是值得的。这段旅程本身就是一种回报，而且它还给我的生命带来了光明。在我实现"右转"后，一些原先无法解决的困境在现实中自动消失了，而且还有一个令人愉快的额外收获——每一次转型都会伴随着能力的巨大提升。我知道自己渴望再次"右转"。我可能只瞥见了冰山上的一角，只要我下定决心、全力以赴，我就会遇见更多可能，那时我还将发掘出些什么呢？

"右转"使我认识到，付出的种种努力不是为了实现目标之后又重回旧的模式中去。在未来的日子里，我需要将自己置身于"右转"的情境中：离开舒适区，直面突发状况，与困境抗争，最终吸取经验教训。任何伟大成就带来的荣耀，都无法给人提供真实而持久的满足感，这种满足感只来自战胜自己内心的恶魔时的那一瞬间。只有当我们处于失败边缘，只差一点就要放弃时，突然绝地反击并反败为胜，才能获得真实持久的满足感。我需要另一个挑战，一个大到足以解锁更多"魔力"的挑战。如果现在适应了新的舒适区，我将会再次陷入停滞期。那么现在的问题就是，什么样的冒险之旅才能让我再次成长呢？

距离大红跑比赛结束只过去了几个星期，我没有贸然地做任何决定，而是借机好让身体充分恢复。我利用这段时间寻找下一个目标。坦白说，是下一场冒险选择了我，而不是我选择了它。在工作中，我发现自己经常幻想着如何征服科修斯科山，确切地说是在"海岸到科修斯科峰"极限马拉松赛中征服这座山。该比赛是澳大利亚水准最高的极限耐力跑赛事，也是我满怀激情想要参加的比赛。参赛者需从新南威尔士州南海岸的图福尔德湾出发，跑至澳大利亚最高峰科修斯科峰（海拔 2 228 米），整个赛程全程 240 公里，海拔攀升 5 500 米。并且这还是一场计时赛，参赛者需要在 46 小时以内跑完整个赛程。

第 7 章　内心的试炼，沮丧与恐惧袭来

这是一场完美的比赛，一场远超我能力范围的适应性挑战，这将再次使我实现长足的个人成长。目前这个阶段，挑战将是我最好的老师。虽然弗里曼会继续指导我，但他也指出他所能发挥的作用将日渐减小。"海岸到科修斯科峰"极限马拉松赛于每年的 12 月举行，但我首先需要参加一场 24 小时耐力赛并完成至少 180 公里的赛程，然后再参加一场 100 公里的二级赛，才能取得参赛资格。虽然官方并未做要求，但我想在赛前找一名参赛者共同训练，以更好地了解赛事。整个准备工作大概需要一年的时间，也就是说现在距离这场冒险还有 18 个月，这将是对我延迟满足能力的一次真正考验。但我已下定决心，准备放手一搏。大红跑中那位参赛者的话再次浮现在我的脑海中："人生短暂，要去犯点傻、发点疯，才不枉此生。"

一通意想不到的电话彻底打断了我在做的白日梦。澳大利亚超跑者协会（The Australian Ultra Runners Association，AURA）的主席罗布·博伊斯（Rob Boyce）向我介绍了他自己。他向我在沙漠中的出色表现表示祝贺，并鼓励我加入澳大利亚 100 公里世锦赛的参赛队伍，将自己"跻身世界舞台"。我有近一年的时间来完成必要的排位赛，并能直接获得澳大利亚国籍。他的建议一度让我惊讶得说不出话来，以国家队选手的身份站在世界级的舞台上比赛，这是我从未想过的事情。那是属于专业级运动员的赛事，而我还不够格。

虽然这份邀约令我十分动心，但我依然想参加"海岸到科修斯科峰"极限马拉松赛。在我看来，成为一名专业级参赛者似乎有些不切实际，我不太愿意为了这个机会而放弃我心仪的比赛。但博伊斯又接二连三地列出了一些令我无法抗拒的理由：第一，他保证以我的资质，我绝对能够被选中；第二，100 公里世锦赛会在西班牙举行，那正是我当年攻读硕士和博士学位的地方，我在那里生活了将近 3 年；第三，比赛的当天正是我的生日。理由如此完美，还能出什么问题？

长跑启示录　Turning Right

在我还没来得及仔细考虑清楚自己的实力，然后礼貌地拒绝此次邀约之前，就已经被这个新的冒险深深吸引住了。一小时之后，我又接到了来自另一个陌生人——加里·穆林斯（Gary Mullins）的电话。他本人正是国家队的队员，同时还是职业跑步教练。穆林斯主动提出要做我的首位私人跑步教练，教我如何与专业级参赛者抗衡。

不用说，没过多久我就做了一个新的决定：暂且将参加"海岸到科修斯科峰"极限马拉松赛的事搁置，再等一年也不迟。能够身穿国家队队服参赛，实在令人难以抗拒。由于穆林斯大部分时间待在悉尼，因此他会通过定期通话的方式对我进行指导，我们将相关数据记录在电子表格里，然后再发送给对方，以此交流沟通。对于被选入国家队需要何等实力，穆林斯了如指掌，并且那些标准属实高得吓人，想要被选中，我必须能够以每公里四分半钟，或几乎每小时跑 14 公里的速度连续跑完 100 公里。当时理想的排位赛是即将在新西兰克赖斯特彻奇举行的新西兰 100 公里锦标赛，我们差不多有 9 个月的充足时间进行准备。这场比赛的赛道十分平坦，而且有秋季凉爽的天气保驾护航，参赛者能在最佳环境中发挥实力，以自己最快的速度完成比赛。彼时我只是希望比赛过程中不要发生地震，毕竟克赖斯特彻奇处于地震多发地带，震感强烈。

我和穆林斯一见如故。令人喜出望外的是，穆林斯还愿意与弗里曼开展紧密合作，并且他们准备携手将我打造成一名有实力参加世锦赛的参赛者。我们三个决定，一起"右转"。穆林斯会负责身体训练方面的准备工作，因此他将负责制订我的整个训练计划，而弗里曼则将密切关注我在心理层面上的准备情况；我要做的便是放下控制欲，完全相信他们。在这次新的挑战中我必须表现卓越，这种比赛环境带来的压力也将考验我的适应力。虽然"顺其自然"和"不设目标"的训练方法曾使我的整体水平迈上了新台阶，但如今我们不得不面对现实，眼前的挑战不同以往。我只有两个选择：要么成为澳大利亚跑得最快的人之一，要么回家。许多了不起的运动员都在争夺为数

第 7 章 内心的试炼，沮丧与恐惧袭来

不多的国家队名额。

穆林斯的计划分为 3 个阶段。在前 3 个月，我们将重点提高我的基础跑速。我只希望第一次训练不会变成对这次冒险之旅最终走向的预兆。第一次训练是一次高强度的间歇训练，要完成 4 组 4 公里跑。从一开始，我就在担心如果没能达到穆林斯的既定目标时间，结果会怎样，因为这些目标时间在我看来已超我能力范围。我担心他会对我失望，甚至会因此而后悔当初接下"将我打造成世界级运动员"的重担。我很想用实力向他证明我没有辜负他的期望；然而在跑完第一组 4 公里时，我只勉强达到了目标速度。在第一组以后，我就做不到了。在第二组 4 公里跑中，我的左髋关节变得十分僵硬。随后，我的左膝开始酸痛。训练结束后，我一瘸一拐地回了家，内心万分沮丧。

第二天早上，疼痛的状况没有好转，于是我去看了运动医生，经诊断我得了膝盖滑囊炎。看来，大红跑给我身体造成的损害比我预想的要严重。我刚完成第一次训练，医生就要求我休息一星期。我刚与一位新教练开始一段新冒险，就要先休息几天，这并不一个好的开端，但好在时间尚且充裕。休息一个星期后，我找回了自己的最佳状态。在训练了一小段时间后，我便跑出了新的半程马拉松个人最好成绩。这个开端看来也不算太坏，而且这个经历还给我提了个醒：凡事不要过早下结论。

接下来的几个星期，训练进展颇为顺利。虽然我每次都担心自己无法达到穆林斯的目标速度，但每次都成功做到了。第一阶段的训练以墨尔本马拉松赛作为结束，我身心状态极佳，并准备再次刷新个人最佳成绩。比赛开始十分顺利，我也保持着耐心。然而在跑至 18 公里时，一种似曾相识的感觉突然向我袭来，和上次在柏林马拉松赛时一样，我的心脏似在燃烧，几乎无法呼吸，极度缺氧。我不停地告诉自己："这只是我的大脑在作怪而已。"但

我的身体根本不同意这种说法。我想不出任何能够帮我重回正轨的心理技巧。我没有加速，而是彻底放慢了跑步速度。震惊、沮丧和自怨自艾占据着我的内心，我龟速跑完了剩下的24公里。真失败啊！

穆林斯和我一样深受打击，我们想尽办法试图找到问题的根源。是因为我在参加完大红跑之后，身体尚未得到充分恢复，就过早地开始训练了，还是因为我迟迟没有递交辞职报告而产生的心理压力？没人知道原因究竟是什么。自我怀疑开始在我脑中盘旋，我的实力真的足以入选国家队吗？

之后4个星期轻松的跑步训练又让我恢复了积极的心态，穆林斯和我开始了第二阶段的力量训练。当我们回到大自然，在小径上开始训练时，我整个人的情绪有了极大的提高，这令我有些意外。

那段时间刚好是我向公司提出离职的时间节点。在我提交辞职报告的那一刻，我感到自己肩头卸下了千斤的重担。由于每天高强度的训练，我本就不高的静息心率每分钟下降了5次。我能通过身体上的变化来衡量情绪负担的大小。虽然我还需在公司待6个月，但在确定了离职日期后，一切都变得不再无法忍受，同时我还与上司协商好了每星期三晚一点上班。如此一来，我便能够在每星期三上班前完成一次周中长跑训练。这一富于创造性的举动，使我的训练效果有了显著的提升。经过多轮训练之后，我知道自己已经步入正轨。然而，形势发展急转直下。

第二阶段的训练以参加6英尺道越野马拉松赛（Six Foot Track Marathon）[①]作为结束。这是一场全程45公里的比赛，在位于悉尼郊外蓝山地区的6英尺道上举行，沿途风景美不胜收。在比赛开始的一小时里，一切都很顺利。

---

① 6英尺道越野马拉松赛，是澳大利亚历史最悠久的马拉松赛之一，在悉尼蓝山地区的6英尺道上举行。6英尺道，即路宽6英尺，约1.8米。——编者注

第 7 章 内心的试炼，沮丧与恐惧袭来

正当我顺着一条狭窄的小径往下跑时，由于没有抬高脚，我突然被一块岩石绊倒了。啪！我脸着地，直接摔在了地面上。我撞到了右膝，流了很多血。我的手，甚至胸膛也无一幸免。幸运的是，我的下巴刚刚好避开了一块石头。这突如其来的摔倒令我吃了一惊，待我反应过来时，身体随之感受到了剧烈的疼痛。我爬了起来，一瘸一拐地回到比赛中。然而我的跑步节奏已经完全跟不上了，信心也一落千丈。我害怕自己再次跌倒。志愿者们很担心我，他们在每个检查站都为我提供了帮助。我看起来就像是一个从糟糕的恐怖电影中走出来的僵尸，最终我还是抵达了终点线，但成绩远远低于我的实力。我上一次膝盖受伤还是在小时候，那次是因为我从自行车上摔了下来。在这个"奔四"的年纪，身体伤口的痊愈速度要比年轻时慢得多，而重建被摧毁的自信心也是如此。

第一阶段的训练以一场无比糟糕的墨尔本马拉松赛作为结束；第二阶段的训练又以一场令人震惊的 6 英尺道越野马拉松赛作为结束。然而反复纠结已经发生的事情是没有任何意义的，我们必须进入训练的最后阶段：针对性地提升身体相应的适应能力。但是，我非但没有建立起自信心，反而整个人似乎都被黑洞给吞噬了。丽贝卡指出，我当下的心态与准备大红跑时的心态天差地别。显然我已经转向以"避免失败的动力"为内在驱动力，我不再是自己内心世界的主人。在训练高峰周，充斥在我训练日记中的自我评价都是这样的话："害怕下坡。""今天真糟糕，糟糕透了。""心态很差。""真的很担心我已经无法保持内心的平静。""心神不宁。"

我感受到"必须入选"带给我的极大压力，也深知这种压力只会让一切适得其反。我做梦都想摆脱这种被困住的可怕感觉。我陷入无法自控的痛苦境地，于是决定与穆林斯深入交谈一次，并将自己的处境坦诚地告诉他。随后我给他打了一通电话，坦白了我内心的疑虑，并告诉他我实在没有入选国家队所需的实力。穆林斯深吸了一口气，我感到他似乎对此类谈

话并不陌生。帮人解决缺乏自信的问题是穆林斯的谋生之道；当我把心中的烦闷向他一吐为快时，他十分耐心地听我讲完。当我终于再也说不出话来的时候，他只是告诉我："现在听我说，凯。你准备好了，我们将共同奔赴世锦赛。"

这正是我需要的。有人愿意相信我的能力，这实在令我感到无比宽慰。我的兴致高涨起来，内心也充满了希望。我想向穆林斯证明他对我的信任没有错付。更重要的是，我想代表澳大利亚参赛。这种愿望是如此强烈，以至于我告诉自己："我最好能入选 100 公里世锦赛的队伍。如果没能进入这支队伍，那我将不得不加入 24 小时耐力赛的队伍。那样的话，我的训练任务就更重了。"

世锦赛中，唯一有超长赛程的比赛项目是 24 小时耐力赛，该比赛中在 24 小时内跑出最长距离者获胜。听了我的计划，穆林斯笑了起来，并鼓励我坚持第一个计划。24 小时耐力赛的澳大利亚国家队成员都是一些极其优秀的运动员，我不应该白日做梦，毕竟想要进入那支队伍，难度要大得多。

在正式比赛前的几个星期里，我还有一项重要任务需要完成。我必须训练好我的后援队，丽贝卡和弗里曼都将陪我去克赖斯特彻奇，负责为我提供营养和水分补给。另外，我深知他们两人的加油鼓励对我来说有多么重要。有弗里曼帮我为心理上可能出现的突发状况做好准备，这将给我带来极大助益。比赛在克赖斯特彻奇中心的哈格利公园举行，选手需要在公园内跑 50 圈，每圈 2 公里。我们三人进行了一次简单的比赛模拟训练：我以正式比赛时的速度跑步，我的后援队给我递饮料。那天早上，一切都很顺利，这极大地振奋了我的精神。我提醒自己：并不是必须一切都完美无缺，奇迹才会发生。我们做了能做的一切，但愿这些已经足够了。

第 7 章　内心的试炼，沮丧与恐惧袭来

屡战屡败，走到"退赛"的边缘

大约 30 名参赛者聚集在哈格利公园的起跑线上。弗里曼、丽贝卡和其他后援队站在一起，为我们加油。当我们等着发令枪响时，我感觉自己快被冻僵了，那时我穿着短裤和背心，而这里早晨的气温才 6℃。但这没什么好抱怨的，因为克赖斯特彻奇为我们提供的比赛条件堪称完美，我当下的精神状态也比此前几个月要好得多。虽然这段时间的训练如同坐过山车一般，但是在压力下保持稳定表现才是最重要的。我很擅长这一点。我还没来得及思考接下来的几小时会发生些什么，比赛就开始了。

克赖斯特彻奇依然笼罩在夜幕之中，但一群热情高涨的参赛者已经冲出去开始跑第一圈。每隔几米，我就会查看一下我的定位手表，确保自己是按计划好的速度在跑，避免一开始速度过快。穆林斯三番五次地提醒我，比赛到 70 公里时才真正开始。这是一场关于耐心的较量，虽然我的速度刚刚好，但大脑中的思绪却纷乱不已。内心的评论员在对我的一举一动作出评判，而我压根儿不知道如何让这种声音停下来。内心的"批评者小人"正处于极度清醒的状态，这对我来说可不是什么好事儿。

几圈之后，丽贝卡开始执行她的第一次递水任务。此前，我已经整理出一张表格，上面标明了在什么时候给我递哪种水。我的要求只有一条：递水时一定要果断干脆。我希望能将所有精力都集中于跑步，不想在跑步的时候还要分心去决定"喝什么"和"什么时候喝"。当我跑向后援队时，丽贝卡看起来很慌张，她问道："你想喝黄色的饮料还是蓝色的饮料？"

我一下子怒了，整个人失望透顶。果断干脆一点就这么难吗？愤怒让我失去了理智，我听到自己大喊："我不知道！这是你的任务！"话刚出口，我就意识到自己的行为是多么不可理喻。我立马为自己突然爆发的情绪后悔万分，我知道这种行为只能反映出自己深深的挫败感，喝哪一瓶水已经无关紧要。我正在参加的是我生命中最重要的一场比赛，而我根本不知道如何才能让自己放松下来。成败在此一举，但我不应忘记我们三人是一个团队，因此我暗暗向自己保证，无论接下来我变得多么沮丧，我都将尊重我的后援队。他们理应得到我的尊重。

除了在刚开始时我发了一顿脾气之外，比赛最初的几小时里没有什么特别的事情发生。我一圈又一圈地跑着，并按计划喝些含糖饮料。虽然我的速度很慢，但这就是原本的计划。我内心正酝酿着一场风暴，而我的后援队却没法看见。我没能克服我的恐惧。内心的声音在不断提醒我，注意跑步速度，保持耐心并专注呼吸，但这些建议毫无用处。我知道该做什么。我只是想一个人待着，这样我就能将精力放在需要做的事情上，然而来自内心的建议依然不断出现。一直以来，我都在练习通过冥想将注意力集中到我所选择的对象上，但当下我既无法专注于我的呼吸，也无法专注于双脚踩在柏油碎石路面的跑步节奏。

当我跑了 32 公里时，身体所有部位都纷纷响起了警报。对此，我几乎没有感到意外。我的双腿像灌了铅一样沉重，臀部肌肉像是着了火一样。这些提示再明确不过了："我不能以这种速度继续跑下去了。"麻烦来得突然，我回想起自己在墨尔本马拉松赛中的糟糕经历，两个提示毫无二致。我必须减速！但我的速度根本不快，而且这还是比赛的初始阶段。再一次，我找不到任何原因来解释自己为何会有这样的感受。只是这一次，或许我会因此而无法获得参加世锦赛的资格。当我经过弗里曼时，我冲他大喊："橙色！"这是我们之前商定好的暗号，一旦我遇到麻烦，我就会以这种方式告诉他。

是时候让我的"心理工具箱"上场了。我尝试了能想到的一切方法：思维阻断、接受疼痛、将注意力从疼痛感上转移出去、深呼吸等。没有任何方法奏效。一种都没有。麻烦并不是源于内心，而源于身体。随着双腿越来越沉重，我不得不放慢跑步速度，向后援队喊出"红色"暗号。这个信息是在告诉后援队，我遇到了严重的麻烦。

恐惧将我完全淹没，我几乎处于一种恐慌的状态。每跑一步，我都会陷入更深重的困境之中。我甚至尚未跑出一场马拉松的距离，双腿就已经迈不动了。我的身体在减速，思绪却在加速。我满脑子想的都是："这样下去不行的。我不行了。"我感觉糟糕透了，极力不让自己的脚步停下来，避免以走代跑。下一秒，肚子开始痛起来，我不得不赶紧去上厕所。我全身上下各个部位都开始不听使唤。

我在起跑线和终点线所在区域的厕所旁停了下来。到目前为止，我的后援队根本没能给我提供任何帮助，我一生的命运都是如此，始终孤军奋战。在这场无依无靠的战斗中，我在节节败退。弗里曼看起来和我一样震惊，他也不知道该怎么办。我在上厕所的时候，丽贝卡站在厕所外面跟我说话，她跟我提起了穆林斯曾分享过的一次经历。穆林斯在前几届世锦赛上也遭遇了一次困境。当时他头晕目眩，撞到了一张工作台上，然而他依然坚持完成了比赛。丽贝卡再次提起这个故事，当然是好心好意地想要让我重新振作起来，但这个故事起到了相反的作用。我对丽贝卡的好意置之不理，无比烦躁地回了一句："他行是他的事！我才不像他那么蠢呢！"

我已完全丧失信心。很明显我根本无法在所需的时间里完成这场比赛。更糟糕的是，我甚至不认为自己能够坚持跑完这场比赛。赛程尚未跑至一半，而我的身体已经痛得受不了了。比赛还未真正开始，对我而言却已经结束。弗里曼也束手无策，只能死马当作活马医地让我关掉定位手表继续跑，我希望他的建议能有点儿用，于是我沮丧地摘下手表，一把扔到弗里曼脚边。从此刻开始，我必须在没有定位设备的情况下自己掌握速度，而我在

长跑启示录　Turning Right

逆境之中气急败坏的表现，也证明了在如何合理应对逆境上，我不是一个可以学习的榜样。我再次将自己的沮丧和恐惧都发泄到了那些试图帮助我的人身上。

我给自己挖了一个坑，并深陷其中。为什么我无法踏入内心那片宁静之地，从而实现身心相通的完美状态？我已不再是沙漠中那位令人惊叹的参赛者了。相反，我极其痛苦，甚至无法完成比赛。终点实在是太远了，我的身体根本不听使唤。

随着我不断向前奔跑，脑中的思绪越发混乱，直至我确定自己已经再也无法忍受。除非放弃比赛，否则这种痛苦将一直持续下去。为了让痛苦消失，我只能停下来。我别无选择，只能宣告失败。当我再次经过我的后援队时，我向他们宣布道："我要放弃比赛了，再跑最后 3 圈就结束。然后我们直接回家。"

与自我的对话
TURNING RIGHT

- 想想你生命中让你感觉特别失败的一件事，具体发生了什么？你当时的想法是怎样的？
- 你是否有过内心的恐惧和挫败感以身体疼痛的形式体现出来的经历？你是如何应对的？
- 当我们没能实现既定目标时，自我认同感就会受到威胁。当你遇到这种情况时，为什么会感到"失败"如此难以忍受？当时你心中理想的自己是什么样的？

TURNING RIGHT

INSPIRE THE MAGIC

第 8 章

我必须跑到终点,找到答案

如果想成为一个真正的探索者，就必须潜入内心不那么光鲜的一面，直面自己的怀疑和恐惧。

第 8 章 我必须跑到终点，找到答案

> 普通人和战士之间最根本的区别在于，战士将一切都视作挑战，普通人则视其为祝福或者诅咒。
>
> ——卡洛斯·卡斯塔尼达（Carlos Castaneda）
>
> 美国人类学家、作家

我已经决定放弃在克赖斯特彻奇的 100 公里的比赛，我迫切地想要停下来，好让痛苦消失，对我而言，想要继续比赛，最困难的莫过于不让我的身体屈服。我的身体和大脑不约而同地指出，结束痛苦的唯一方式就是放弃比赛，宣告失败。

如果这样，在这场最重要的比赛中，我将获得"DNF"（Did Not Finish，未完成）标签，这将是我人生中的头一遭。我也无法解释清楚为什么自己会做出再跑最后 3 圈的决定，很可能是因为我想独自静一静。想到待会儿要在其他人面前掩饰自己的尴尬和失望，这简直比身体上的痛苦还令我难以忍受。

就在我开始走最后一圈时，弗里曼试图跟我讨价还价。"再跑两圈。"他要求道。但我心意已决，像之前那样一根筋，毫不含糊地拒绝了这一要求。

我开始以走代跑。刚开始的几百米,丽贝卡陪着我一起走。她不知道怎么帮我,也不知道该说什么或做什么。我找不到解决办法,现在也不是寻求他人理解的时候。但对丽贝卡而言,待在我身边能让她好受些,而我只想一个人走完剩下的一圈。最后我决定再试一次,于是开始慢跑起来,但疼痛立马向我袭来,我只好重新以走代跑。此时我排在总成绩第二名的位置上,领先第三名选手6公里,但以走代跑意味着以目前的身体状况,我不得不放弃比赛。对我来说,这简直就是一场灾难。

我即将走完第3圈,我知道如果不完成此次比赛,我将错失良机,因为整场比赛对我有更深层次的意义。我失去的不单单是完成比赛、登上领奖台的机会,更重要的是我没能实现在此行中不断学习和自我成长的初衷。此时此刻,我内心的想法是:如果我停下来,结果会怎样?如果我想从这次比赛中获得领悟,那我就必须完成比赛。所以我不能退出,我必须跑到终点,找到答案。

奔跑,是为了认清自己

我内心平静的声音开始在我大脑中响了起来,它提醒我:"我是一名探索者。跑步是为了寻求更清晰的自我认知。"随着这个声音的响起,我的身体发生了戏剧性的变化,百米之内的所有事物突然都变了。就如同有人按下了重置按钮,我再次跑起来。这太神奇了。我满心都是更深层次的目标,不再有丝毫怀疑。我会完成比赛。我回想起自己热爱跑步的原因,这使我不会再放弃。此外,我还想通过这次经历实现个人的成长。

刚刚发生了什么?我的大脑欺骗了我。出问题的根本原因不在于身体不适,而在于心理原因,这是一场原本会导致灾难性比赛结果的心理危机。如果无法获得入选澳大利亚国家队的资格,我一定会很痛苦,我想避免失败。

第 8 章 我必须跑到终点，找到答案

但自从我内心的声音响起，我的动力发生了变化。出乎意料的是，我对跑步的热情突然一举取代了我对成功的渴望。我此行的目的是更深入地了解自己，实现个人的成长，而不是登上领奖台或者入选澳大利亚国家队。从此刻开始，我仍有机会全力一搏。看来我之所以一直坚持以走代跑也不愿下赛场，是因为我心中尚存一丝希望。当我大步从弗里曼和丽贝卡身边跑过时，我满怀激情地冲他们大喊道："比赛继续！"不用说，他们的反应跟我一样激动无比。他们的惊讶和喜悦，不比我少半分。

我和我的后援队一样惊讶。我从未在这么短的时间里体验过如此巨大的能量变化。刚刚我的双腿还痛得让我不得不以走代跑，现在疼痛怎么就一下子消失不见了？我边跑边想，在接下来的几圈里把经过细细想了一遍，随后意识到这一切都始于我的身体里出现的一点轻微的刺痛。自感到疼痛开始，我便一步步陷入灾难之中，很快我就确信这场灾难将一直持续下去，悲剧的序幕由此拉开。

我强忍着疼痛，试图让它消失，结果却适得其反。我被困在自己的应激反应里。实际上，疼痛感并不是很强，只是稍微有些令人不快，是我不断添油加醋地过度解读，才使其变得令人无法忍受。当时我不断重复着消极的想法，害怕疼痛会更加严重。我的注意力没有聚焦于当下，而是聚焦于想象中的未来。我的恐惧创造了一个平台，让不安慢慢失控并得以肆虐。我越陷越深，直到不堪忍受。

当我按下暂停键，开始寻根究底地追问自己更深层次的问题时，螺旋式下陷停止了。随着"探索者"、"寻求更清晰的自我认知"等答案出现在我的脑海中，神奇的变化出现了，我的内心开始平静下来。风暴也平息了，脑中喋喋不休的声音也消失了。和平出现了。由希望和欲望组成的一支队伍，由痛苦与绝望组成的另一支队伍，两队之间已经无须再战了。我已知道应如

何回应，随着新视角的出现，我认识到了追寻初衷才是最佳选择。我对此感到好奇，为什么答案会如此重要？

当跑完又一圈时，我看到弗里曼在为我加油，突然间我就明白了为什么"探索者"这一词会对我产生如此强大的影响。弗里曼在其中发挥着重要的作用。在柏林马拉松赛结束之后，他要求我"改变语言"，以此来夯实我通过"右转"所获得的新视角。令我没想到的是，新术语的选择居然如此重要。他曾问过我究竟选择了何种新术语来取代旧语言中的"掌控"一词，我未能给出答案。他也提醒过我，如果无法及时找到新的术语，那我很可能会重回旧模式之中。现在，在我想起这段话时，我才认识到自己的转变一直都处于未完成的状态。破茧而出的蝴蝶依然在使用毛毛虫的语言，这让我无法振翅飞翔，而是跌在地面上。

我兴奋极了。我终于找到了答案：旧的自我过于好胜，一心只想获得高效的结果；新的自我则是一个探索者，愿意随心所欲地追逐一个个无从解释的召唤。

当我思考这些的时候，我已经跑至 70 公里处的赛点。据穆林斯说，比赛自此才真正开始。有意思的是，我开始以一种比场上任何一名选手都轻松的状态奔跑。就连最领先的参赛者也遇到了严重的麻烦，当我经过起跑区时，我看到他表情十分痛苦地坐在椅子上，他的后援队正在帮他按摩腿部。反观自己，虽然我没能跑到理想中的速度，但我在整个过程中的表现还算稳定。从记分牌上能够看出，第一名仍有着相当大的领先优势，毕竟他已经超过我很多圈了。所以现实地来说，除非他放弃比赛，否则我只能取得第二名的成绩。时间会证明一切。

然而无论如何，这场比赛于我而言不再是为了获得国家队的入选资格，

第 8 章 我必须跑到终点，找到答案

甚至也不再是为了获胜，它是一堂生动的课。在此之前，我败绩连连：我在墨尔本马拉松赛中输得一塌糊涂；在 6 英尺道越野马拉松赛中伤到了膝盖；甚至在这场比赛的刚开始，我也曾一度信心全无。

大红跑是我跑步生涯中的一个高光时刻。自那以后，我内心的"功利小人"似乎将功劳据为己有，并从后门悄悄溜进来，重新掌控我的生活。我可能在表面上告诉自己，我追求的是个人的成长，但在内心深处，我真正关心的只有成功。"功利小人"用"探索者小人"的声音欺骗了我。我又重新回到试图掌控那些不可控之事的状态，并重以追求完美为动力，最重要的是，我摒弃了自己的直觉。我唯一关心的只有伟大的成就，比如获得世锦赛的参赛资格以及追逐那些万众瞩目的荣耀时刻。一旦我认为该目标没有实现的可能，我便失去了继续奔跑的理由。

直到现在，我奔跑的动力才真正转变成寻求此次比赛带给我的启示。但是我实在太累了，既无法思考清楚，也无法确定最新的启示究竟是什么。但至少我内心的转变已经让我的身体恢复到能够大展拳脚的状态。身心终于和谐共处，并找到了不错的节奏。

我没能赶超领先于我的那名参赛者，但最终以 8 小时 19 分 59 秒的成绩获得了第二名，这个结果也还不错。弗里曼、丽贝卡和我相拥，我抱住他们之后就没有松开。因为一旦松开，我很可能会因筋疲力尽而倒地不起。我对自己有些失望，因为比实际成绩再快一小时才是我的理想成绩。同时我也能感觉到，此次比赛是我整个跑步生涯中最为重要的一场比赛，有句话用在这里很贴切：非我所愿，但是我所需。

然而我无法自欺欺人：直面失败是痛苦的。相较于比赛时身体上的痛苦，赛后情绪上的痛苦要严重得多。我的身体很快便恢复了，但赛后的失望

情绪令我久久不能释怀。我想躲起来，或者最好是能彻底从痛苦中逃出去。我尽了自己的最大努力，结果我的实力却根本没有完全发挥出来。我亏欠了自己。在大红跑之后，我屡屡惨败，至今两手空空、一无所获。世锦赛没有我的位置。现在看来，当初我不应该为参加世锦赛而放弃"海岸到科修斯科峰"极限马拉松赛。此举无异于为了获得荣耀光环而放弃内心的热爱。

朋友和家人竭尽全力让我振作起来。一大堆至理名言随之而来："结果不能代表你整个人。""一个人在赢的时候当然看起来不错，但真正的考验在于他如何应对糟糕的一天。""失败是成功的垫脚石。"……但没有一句话能让我支离破碎的内心感觉好受些。我始终未能找到失败经历的关键原因，我知道，如果自己无法领悟，我将不断因相同的原因受困于此。一想到这些灾难可能永远不会消失，我就恐惧不已。我不顾一切地想要摆脱痛苦，也同样不得不进一步地领悟痛苦。

我是遇到"右转"的极限了吗？是否存在"右转"丝毫发挥不了作用的情况？我是不是野心太大了？有几位朋友曾说我干劲十足，甚至可以称得上是雄心勃勃。收敛一下自己的野心，将能使我免受更多的痛苦。我确实对自己有着很高的期望，因此我的野心肯定也是导致我比赛时突遇困境的原因之一。当我摆脱完美主义、野心过剩以及控制欲这三座大山时，才在大红跑中获得了一次神奇的体验。然而当朋友们指出收敛野心才是解决之道时，我打心眼里无法认同。收敛野心绝非良策，因此我并不打算这么做。绕开困境只是另一种消极的应对手段，这只能让我更加想要避免失败。只有心理脱敏，才能克服应激反应。

当我将比赛只看作一场跑步挑战、在意比赛结果时，我内心的"功利小人"就已经接管大权了。"功利小人"完全无视大红跑带来的启示，从后门悄悄溜进来，并将我在大红跑中取得的成绩据为己有。但我的自我意识想

第 8 章　我必须跑到终点，找到答案

要保护我已经获得的新身份："成功的超级跑者"。在新西兰克赖斯特彻奇的100公里的比赛中，我完全忽略了我所面对的最大问题并非技术性挑战，而是适应性挑战，因此我需要解决的不仅仅有技术问题，还有心态问题。当需要建立新的思维方式时，单单提升技术上的能力是远远不够的。我曾自欺欺人地认为，单靠跑步训练就能够弥补我的实际能力和挑战所需的能力之间的差距，然而实际上，我缺乏的是应对挑战所需的成熟心态。我的心态发生了一些微妙的变化：在沙漠里，我只想尽自己的最大努力；在克赖斯特彻奇，我却想做到完美。而我从大红跑中获得的启示恰恰是：一旦放弃以追求成功为目的，我就会获得难以置信的成就。

虽然我想再次"右转"，但我偏偏做了相反的事。自放弃"海岸到科修斯科峰"极限马拉松赛的那一刻起，我又回到自动反应行为模式。由于我一心想要获得完美表现，导致自己成为训练计划的奴隶。比以往更加糟糕的是，此次训练的所有项目都受到了严格管理。整个计划详细规定了在哪一天进行哪些训练，并且每次训练都有明确的成绩达标线。我自始至终都在担心自己跑得不够快，担心训练进度落后，我每天都会问自己是否取得了进步，然而此举并未加快我进步的速度。我没有按照自己的节奏前进，而是一心想要"取悦"穆林斯。将每天训练的细节和成绩填入电子表格，然后发给穆林斯，这种做法不仅扼杀了我的创造力，也没有给奇迹留任何余地。老实说，我在此次冒险之旅中完全没有"右转"。这不是他人的错，而是我自己的错。

但我仍不知道该如何做，才能在将来避免再次走错方向。内心的"功利小人"惟妙惟肖地模仿了"探索者小人"的声音，并且巧妙地掩盖了我此次没有实现"右转"的事实。对于将来如何才能避免重蹈覆辙，我希望弗里曼能给我一些提示，但他除了反问我我的结论之外，没有再多说什么。他既然已经目睹整个比赛过程，就肯定有他自己的看法。但显然，我必须亲自找到答案，只是我似乎毫无头绪。

长跑启示录　Turning Right

直面内心的怀疑和恐惧

是时候暂停跑步了,好让身体和精神能够养精蓄锐,重焕生机。这次休整的时间与我在墨尔本完成工作交接的时间完全重合。从决定辞职到真正离开公司可能足足有一年的时间,但我自始至终都忠于职守。我终于逃离一个陈腐窒息的环境,迎接为期4个月的环球旅行。这多么令人兴奋!首先,我会在欧洲见见我的家人和朋友,然后再与丽贝卡一起在秘鲁、加拉帕戈斯、巴西和阿根廷分别待上一小段时间。

随后,丽贝卡要回去工作,而我将独自踏上为期3个星期的前往世界尽头的航行之旅,这也是我此次环球旅行的最重要部分。我将追随20世纪初英国传奇探险家欧内斯特·沙克尔顿爵士(Sir Ernest Shackleton)的足迹,从马尔维纳斯群岛和南乔治亚岛去往南极洲。我甚至都不担心此次探险结束后自己该何去何从。虽然我的确想彻底改变职业发展道路,但时机尚未成熟。一家总部设在悉尼的对手公司已经主动联系我,并向我提出了让人无法拒绝的工作邀约。

在休假期间,丽贝卡和我在加拉帕戈斯与海龟一起潜泳,在马丘比丘一起徒步,在巴西的海滩上享用鸡尾酒。我简直太享受这些旅行了。无须为任何事情努力拼搏的感觉真好。这段休息时光使我有了惊人的转变。当我们抵达阿根廷的巴塔哥尼亚时,我迫不及待地想再次穿上跑鞋。我再次感受到用跑步的方式来体验脚下这片土地的乐趣所在。随后我登上了一艘开往南极洲的船,开启了为期3个星期的南极洲之旅。在船上,我依然坚持跑步。在波涛汹涌的大海中,最猛烈的海浪也没能阻止我每天在跑步机上跑步。我再度处于无须为任何赛事而跑步的状态,只为内心的热爱而跑。跑步的同时,我还能通过舷窗看见外面的企鹅、海豹和冰山,这种经历简直无与伦比。

第 8 章　我必须跑到终点，找到答案

追随沙克尔顿的旅程，让我觉得自己几乎也成了一位极地探险家。1911 年，挪威极地探险家罗尔德·阿蒙森（Roald Amundsen）与英国极地探险家罗伯特·法尔肯·斯科特（Robert Falcon Scott）展开了争夺率先抵达南极的竞赛，最终阿蒙森摘得桂冠。几年之后，沙克尔顿和他的船员试图成为首支经南极点横穿南极大陆的队伍。如今，我们能够乘坐舒适的轮船穿越南极的冰冷水域，而当初，沙克尔顿的船却卡在了浮冰上，随之而来的是一场漫长的求生之战。沙克尔顿和他的船员眼睁睁地看着他们的船"耐力号"在南极冬季的黑夜里搁浅了。

他们迷失在没有边际的冰天雪地之中，身陷绝境，但他们没有放弃，最终靠着一艘小小的救生艇奇迹般地成功脱险。我就像个小男孩一样，一遍遍乐此不疲地听着他的冒险故事。亲眼见到那些他们身处险境的地点，例如南极半岛附近的象岛，让故事显得更加栩栩如生。毋庸置疑，沙克尔顿是一位适应力极强的领导者，虽然他没能成功穿越南极大陆，但当灾难降临时，他成功做到了没有让任何一名船员在此丧命。

现在，当我不再纠结克赖斯特彻奇比赛的惨败经历时，我的思维发生了彻底的转变。针对我缺失的心态，沙克尔顿为我树立了榜样。我的南极之旅让一切变得有意义起来，就好像曾经蒙在我眼睛上的眼罩一下子被摘掉了一样。我想成为一名探索者，却不想忍受随之而来的痛苦；我想要荣耀，却无法忍受失望；我想要光，却逃避阴影；我享受冒险之旅光鲜亮丽的一面，却不愿面对另一面的凶险和挫折。我无法忍受，因此我便推开了所有的痛苦，就好像这些本来融为一体的事物是可以分开的一样。我太害怕面对自己内心的阴暗面：害怕痛苦、害怕不够完美、害怕失败。

这些恐惧由来已久。记得我从小就害怕各种事物：害怕黑暗、害怕孤独、害怕不安全、害怕没人爱、害怕无助及害怕被嘲笑。

还有害怕受伤。我多么讨厌痛苦。但从我决定不再去感受疼痛的那一刻起，疼痛突然变得不再难以忍受。曾经我在被父亲扇了一耳光之后，就一个人躲在房间里哭，但我那时应该已经是青少年了。就在那一刻，我决定不再哭泣。在面对那些令人无法隐忍的情绪时，我刻意使自己不去感受，这给我带来了巨大的解脱。在做出这个决定之后，我重新获得了控制权。我不再是一个情绪失控并且身心疲惫的人；我屏蔽了自己的感受，保持清醒的头脑。我离开了温尼托那个充满冒险和遐想的世界，因为那个世界未能兑现让我可以藏身其中的承诺。相反，思考、计划和随之获得的成功才能让我感到安全。

当我受困于会议室，在情绪爆发时保持冷静的能力有了用武之地。保持理性已成为我的核心优势之一。当别人都在不良情绪的冲击下不知所措时，我依然能够保持常态、冷静思考。然而对于将情绪从生活中剥离出去这件事，我似乎做得太过了，虽然避开生活中的各种痛苦无疑会让我感到安逸愉快，但我又为此付出了什么代价？我切断了自己与痛苦的联系，而痛苦恰恰属于人生体验中十分重要的一部分，这就如同在我的花园大门外右转一样。还有新的精神领域需要我去探索，但前提是我要敢于"右转"。毫无疑问，这片领域里还有很多我尚未开发的潜力，例如我曾窥见过的直觉力量。当我放下脑中惯有的行为模式并选择跟随直觉时，我感受到了其强大的力量。但如果我拒绝直面自身不良情绪的话，那我还能够相信自己的直觉吗？

如果我是沙克尔顿，我将如何带领手下的船员走出困境？我一直都在尽力避开不愉快的经历，而沙克尔顿却接受了现实，并在极其恶劣的条件下将个人努力发挥到了极致。他在旅途伊始，与我一样满怀热情，但与我不同的是，沙克尔顿在面对困境时仍能保持镇定，哪怕身陷绝境，他也不会被绝望蒙蔽双眼。尽管一路上遭遇了种种挫折，但他依旧不屈不挠地坚持实现自己内心的抱负，这绝非易事。这需要真正的适应力，而想要获得这种适应力，远不是在手腕上弹几下橡皮筋那般简单。妄想避开或者设法摆脱痛苦的情境，并以这种方式一直生活下去，是不可取的做法。这种方式意味着我根本不具备有效处理任何情境的能力，无论情境是好是坏。

我非常不擅于处理令人不快之事。我总是想要掌控一切，想要控制不断变化的环境，可这种掌控欲对我没有任何益处可言。我总是心事重重，当现实与理想的情境不符时，我的内心就会很挣扎，我会变得只着眼外部环境，而忘记了自己的梦想，时常会陷入野心所致的困境之中。而沙克尔顿却能及时调整自己的视角，展现出不同寻常的灵活性，当他身陷一无所有之境时，最大限度地发挥了自己拥有的内在资源优势。他没有把时间浪费在无法改变的事情上，而将重点放在了可控的事情上。他没有放弃自己的愿景并亲手创造了自己的未来，而我却被困在自己面对恐惧时的应激反应之中。

在离开南极海域之前，我对未来的方向已然明晰。我将再次"右转"。是时候放下在克赖斯特彻奇经历的痛苦并继续前行了。接下来我将吸取教训并接纳痛苦。下一次努力能否取得成功，不取决于我能否获得傲人的成绩，而取决于在逆境之中我能否拒绝成为棋子。我不会再回避与内心恶魔之间的战斗。逃避痛苦是我在人生中再三受困的主要原因。我不仅需要在想法上"右转"，在感觉上也需如此。为了继续成长，我必须重新调整与自身情绪之间的关系。如果想成为一个真正的探索者，我就必须潜入内心不那么光鲜的一面，直面我的怀疑和恐惧。

沙克尔顿以实际行动证明了：即便整个探险是一场灾难，但从另外一个角度看，它同样可以是一项了不起的成就。并不是只有获得成功，奇迹才会发生。当我提供了足够肥沃的土壤，奇迹便会自然而然地出现，它与事情的结果无关。奇迹最大的敌人，是对卓越表现和伟大成就的渴望。未来，我既可以选择以卓越的表现来喂养我的自尊心，也可以选择降低自尊心的门槛，

长跑启示录　Turning Right

从而超越自身的极限。我的下一场冒险是什么，早已不言自明。我将参加全程 240 公里的"海岸到科修斯科峰"极限马拉松赛，从新南威尔士州的海岸开始，一直跑到澳大利亚最高峰科修斯科峰。这是我的梦想，而我因世锦赛的诱惑而走错了方向。

与自我的对话
TURNING RIGHT

- 为了避开痛苦或消极情绪，你会怎么做？
- 你一生中最具挑战性的阶段，如何塑造了现在的你？
- 挑战过后，你获得了哪些对自我的认知？
- 在经历转型之后，你采用了或能采用哪些新的语言？

TURNING RIGHT

INSPIRE THE MAGIC

第 9 章

跨越熟悉的边界,跑向更高处

生命的意义不在于要取得非凡成就,
而在于如何应对生命抛来的种种挑战。

第 9 章　跨越熟悉的边界，跑向更高处

> 我们体验到的痛苦的程度有时并不取决于痛苦本身，而是取决于我们如何看待痛苦，以及我们如何对其做出反应。我们最害怕的并不是痛苦本身，而是在痛苦中遭受的折磨。
>
> ——乔·卡巴金

从南极洲回来后不久，我便搬到了悉尼并开始了新的工作。离开那个越来越让人窒息的工作环境后，我已经满血复活，状态良好，能够全身心投入工作中去。我不仅计划组建一支高效的团队，还计划帮助公司实现转型，使其安然度过正在经历的重重困境。新的上司告诉我，他之所以聘用我，是因为我的专业背景，他希望我能帮他实现企业文化的转型。虽然需要承担更多责任，但我也感觉到自己终于能够在改变采购团队的前进方向上发挥真正的作用了。多年来，我重新找回了自己在商业世界中的使命感。

我是领导团队的一员，领导团队成员的职责远远不止管理各自的部门这么简单。充满活力的工作环境可以带来回报，因此共同践行企业的价值观是每一个员工的责任。对我而言，最具挑战性的任务是以一种新的方式促成企业内部合作以及与供应商之间的合作，聚焦客户需求，实现协同合作。我终

于不再只是为了拿工资而工作了。

美中不足的是,为了和丽贝卡见面,我不得不经常往返于悉尼和墨尔本之间,我们还没有找到其他更合适的解决方案。

让"探索者小人"快速成长

虽然我仍需要适应新的工作环境,但至少我的个人发展方向是明确的。不论是在更高级的工作岗位上,还是在"海岸到科修斯科峰"极限马拉松赛中,如果我想获得成长,就必须升级自己的思维模式。我曾把在克赖斯特彻奇举办的 100 公里赛视为一项技术上的挑战,因此只专注于自己技能的提升。技能固然很重要,但这只是横向发展而已。由于我未能实现纵向发展,比赛结果不尽如人意。在"海岸到科修斯科峰"极限马拉松赛中,我需要采取一种完全不同的应对方法。因为这是一场适应性挑战,这意味着我必须实现纵向发展,而且需要跨过我熟悉的世界的边界。我将揭开生命中的新篇章,这将又是一场内心探索之旅,同时也需要我进行深刻的自我反思。

幸运的是,我知道自己哪一部分需要加强:内心的"探索者小人"。我需要"探索者小人"能够在关键时刻挺身而出,对抗那个被动的、总是给我带来限制的"功利小人"。"功利小人"只会对恐惧做出反应,而"探索者小人"则是被目标驱动,并对目标可能产生的结果有清晰的愿景。当下我已然洞悉了其中区别。"功利小人"要求我尽量避免失败,"探索者小人"则激励我、助我成功。

当我在悉尼开始投入新工作中时,弗里曼问我是否知道自己必须放弃性格中的哪一部分才能真正挑起大梁。我回答说,我必须放弃性格中以获得成功来衡量自己优秀与否的评价标准。在克赖斯特彻奇,我试图以获得外界认可的方式来提升自我价值。大红跑之后的我刚给自己设立了一个全新的身份：成功的超级跑者。但是，克赖斯特彻奇的失败给了我致命一击。去往南极洲的途中，失败的痛苦一直跟随着我。如果无法取得成功，我应如何定义自己？如果我想从毛毛虫蜕变成蝴蝶，那我就不能再以所获得的各种成就来定义自己。

沙克尔顿和他的船员的冒险故事让我明白了：并不是非要取得非凡成就，生命才有意义。相反，生命的意义在于如何应对生命抛给我们的种种挑战。关于这点，我对自己的自我认同存在两方面的缺陷：其一，试图获得外界认可，这并不能赋予我追求真正个人成长的自由，只要我以获得成功为目的，寻求个人成长和人生意义就永远排在第二位；其二，面对恐惧时，我容易表现出应激反应，无法游刃有余地应对我所感兴趣的极限挑战。如果只有以成功为动力才能让我继续前进，那么我就必须减少自己对外界认可的依赖，并从内心开始增强自身的力量。"海岸到科修斯科峰"极限马拉松赛是一场让"我正在做的事"与"使我获得满足感的事"重新保持一致的比赛。

能让我在获得满足感同时又能实现自我价值的是成长、好奇心及确定感。想要获得那种满足感，我就必须让内心的"探索者小人"不断变强。小时候，我梦想成为一名探险家或发明家。当时，"探险家"和"发明家"还是同义词。我喜欢听意大利航海家和探险家亚美利哥·韦斯普奇（Amerigo Vespucci），还有哥伦布的那些惊心动魄的冒险故事。这些冒险故事给了我一丝喘息的空间，让我得以短暂忘记自己在家中频繁遭遇的无情的家庭暴力。这些英雄以一种建设性的方式合理安排自己的精力，而没有将其发泄到自己的孩子身上。

小时候，当我意识到自己在人类历史上出生得太晚时，我感到沮丧无比。在我出生之前，人们已经踏遍世界各大洲，并绘制出地球上所有大陆的地图，我能想到的所有重大发明也已经存在。我想要实现的伟大理想频频化

长跑启示录　Turning Right

为泡影，没过多久我就将它们亲手"埋葬"了。

当时我的祖父建议说，成为一个富有的成功人士看起来也是个挺不错的选择。于是，在后来的几年之中，我的计划是成为一名富有的牙医。就这样，对失败的恐惧伪装成了理性之声，并成功让我放弃了成为一名探索者的梦想。我的梦想已失去颜色，随后逐渐消失。然而在上大学选择专业时，我突然意识到牙医的局限性很大，整天"探索"别人的口腔对我实在毫无吸引力。我想拓宽自己的视野，于是选择了攻读国际商务硕士学位，并拿到了欧洲法学博士学位。

令人惊讶的是，我小时候就对自我有着清晰的认知。我知道自己想要什么，也知道自己是谁。虽然这种确定感随着我的成长逐渐淡去，但它从未完全消失。然而，我内心的不同"自我"似乎都在为自己争得一席之地。一个是理性的自我，它想将我保护在舒适区之内，总喜欢掌控一切，行事作风功利性极强。我在克赖斯特彻奇的经历无时无刻不在提醒我，当"功利小人"受到威胁时，理性的自我会变得多么黑暗和躁动。另一个自我则有着细腻且安静的性格，虽然我尚未摸清这个自我的真实面貌，但我知道这个自我更加热衷冒险，更加热衷追随直觉。这是一个更高版本的自我，它能勇敢地追求人生意义和成长，而不会被可能的失败吓倒。正如我在大红跑中经历的那样，它能激发出我前所未有的力量。

还要多少次来自生命的警钟才能将我敲醒？在即将拿到博士学位并获得了一份体面的顾问工作时，我的左前臂被诊断发现一颗黑色素瘤。就在那一瞬间，我意识到了生命的短暂。能在癌细胞转移扩散前发现它们，实属幸运至极。好几家人寿保险公司因我的病史而拒绝为我提供保险，我意识到这是生命又一次给我敲响了警钟，我借此机会再次停下来，问清自己真正想做什么。虽然我依然渴望成功，但若为了成功而牺牲自我满足感反而得不偿失。

第 9 章 跨越熟悉的边界，跑向更高处

我清晰地认识到生命的短暂，可惜的是我后来又回到麻木的生活状态中。10 年过去了，我才开始"右转"。在下一个 10 年里，是继续在这种麻木的状态中浑噩度过，还是让生活变得更有意义，这完全取决于我自己。

我决定更加珍惜生命中剩下的时间。我接下来的任务是要平衡内心中不同声音之间的诉求，尤其是我内心的"探索者小人"的诉求，它需要更多空间来茁壮成长。如果能设法与自己的情绪做朋友，我可能会理解自己内心的阴暗。相较于理性的大脑而言，感觉才是更好的路标，这一点我深有体会。对于能否挖掘出直觉的巨大潜力，这些感觉将起到至关重要的作用。参加"海岸到科修斯科峰"极限马拉松赛就如同一次重考的机会。这一次，衡量成功与否的真正标准，在于我是否能坦然接受任何结果。是否征服挑战、是否获得顿悟，都不取决于比赛的结果。

想要成为"海岸到科修斯科峰"极限马拉松赛的五十几名参赛者之一，我需要做到以下 3 点：能够在 24 小时内跑完 180 公里；参加一场 100 公里的比赛；在赛前找一名参赛者，从他那里获得关于赛事的第一手资料，了解如何才能在"海岸到科修斯科峰"极限马拉松赛中获得成功。

我迫切需要创造合适的条件来使自己再次成长。首先，我需要与穆林斯进行一次大胆的面对面交谈。我知道他拥有很多可供我借鉴的经验，但我们尚未找到合适的合作节奏，至少现在还没有。对我们来说，或许最佳的合作方式是将教练关系转变成指导关系，因为我不需要有教练来为我制订严格的训练计划。从此以后，穆林斯将成为我宝贵的伙伴，他将挑战我并启发我。

其次，在训练跑步技能方面，我必须提高自己的整体适应程度，尤其需要通过练习坡路跑来增强肌力。一直以来，我都住在科隆、塞维利亚或墨尔本等地势平坦的城市，悉尼人所说的"地面上的起伏"在我眼中如大山一般。

长跑启示录　Turning Right

几个月之后，我觉得自己已经准备好参加另一场45公里蓝山马拉松越野赛，即"孤山超级马拉松赛"（Mount Solitary Ultra）。

经过几个月的训练，我的坡路跑技能有了显著的提高。在"孤山超级马拉松赛"的大部分时间里，我都处于前10名的位置，然而在还剩不到10公里的赛程时，我逐步陷入麻烦之中。当我冲下长达几公里的陡坡时，左腿膝盖上方的股四头肌开始痉挛。疼痛一下子传遍全身。幸运的是，接下来的赛道有几米平缓地带，让我不至于跌倒栽个大跟头，然而痉挛并没有因此缓解。

情况不容乐观。我如何才能攀上这个近乎垂直的坡道，跑出山谷并最终抵达终点？更糟糕的是，右腿上的肌肉也开始痉挛。

我接下来的反应也出乎了我自己的意料。我十分冷静，只是将注意力集中在疼痛上并尝试找出确切的痛感来源，我既没有评判也没有谴责这个突发状况，只是对疼痛感到好奇。我没有按旧的行为模式行事，也没有为自己已经付出那么多努力，却在当下可能要退出比赛而感到恐慌，我将精力聚焦于当下力所能及之事上。腿上的肌肉又抽搐了几下，然后突然松弛下来，此后它们再没给我带来任何麻烦。

事实上，我知道自己不具备优势将前10名的位置保持住，但这并不重要。就在到达终点前漫长的爬坡过程中，几名参赛者超过了我，但我感到心满意足。我刚刚再次"右转"了。在压力状态下，我没有屏蔽掉那个剧烈的疼痛感受，而是关掉了自动反应行为模式，以一种不同于惯常行为模式的方式去面对困境。我掌握了秘诀，并有效地应对突发情况：开始感到心烦意乱，然后意识到问题所在，最后做出选择。痉挛是一个导致我心烦意乱的外部触发因素，就如同遇到了一个停车标志，我停了下来，意识到当前正在发生什么事情，最后我没有做出无意识的自动反应，而是全身心聚焦于当下。

这打断了我自己的自动反应行为模式，并由此创造了"右转"的可能性。当下，如何应对困境将由我做主，由我自己做主。

这次经历让我想起维克多·弗兰克尔（Viktor Frankl）在其著作《活出生命的意义》（*Man's Search for Meaning*）中明确表达的理念。弗兰克尔是一名犹太裔精神病学家，第二次世界大战期间他曾先后被关押在4个集中营里，其间他目睹了很多毫无人性的行径。在奥斯威辛集中营时，他向自己承诺，不仅要活下来帮助他人，还要研究幸存心理学。

弗兰克尔意识到，能够经历这些非人折磨而又幸存下来的人，不一定是身体最健康的人，而是那些能够赋予磨难以意义的人。那些对未来拥有目标感的人，最有可能活下来。弗兰克尔得出的结论是，即使我们要忍受不可忍，我们依然拥有选择权：

> 在外界刺激和自我回应之间，存在一个空间。我们对如何回应的选择就存在于这个空间之中，而我们的成长与自由就存在于我们的回应之中。

我们每个人都拥有能力去选择如何对外界刺激做出回应。无论外部环境如何，我们都不必成为环境的牺牲品。弗兰克尔甚至更进一步地总结出另一个关于自我的认识："当我们不能改变环境时，我们就要试着改变自己。"这无疑从新的角度诠释了这样一个简单公式：开始感到心烦意乱，然后意识到问题所在，最后做出选择。该公式正是通往个人转型的路径。每当离开舒适区时，我都会陷入烦躁不安之中。我既不能只是提出问题而不解决，也不能盲目地按照惯常行为模式行事，而是必须改变自己原有的观点。困境为个人转型创造了沃土。通过意识到问题所在并全身心聚焦于当下，"右转"便有了可能。

在克赖斯特彻奇那场比赛中，疼痛占据了我的所有意识，触发我以自动反应行为模式做出回应。而如今，我已经取得很大的进步。这一次，虽然我无法不受肌肉痉挛的影响，但我可以选择不去承受额外的痛苦。我对疼痛究竟来自何处的好奇心对整件事的走向产生了影响。我曾经以限制性观点看待疼痛，认为疼痛一旦出现就会一直持续，因此我必须彻底杜绝疼痛的出现。而如今，我已经放下了这一观点。因为我知道坚持这一观点，会带来自我满足或者自我强化的后果。我不仅会强化自己的感受，甚至还会以这一观点驱动自己的行为。"我必须避免疼痛的出现"是一种幻觉，是我探索未知领域路上的绊脚石。此次比赛给我带来的最大感受是，我处在实现进一步个人转型的正确轨道上。能在"海岸到科修斯科峰"极限马拉松赛的早期准备阶段获得如此进展，着实令我颇为自豪。

坦然接受不适，减少不必要的痛苦

在比赛结束的第二天早上，我的积极性遭受了重大打击。我的右脚跟突然肿了起来，我几乎寸步难行，每走一步都无比痛苦。我试图尽快弄清楚疼痛来源，但没有医生能诊断出个所以然来。花了几百美元之后，医生认为我可以继续跑步，然而随着痛感越来越强，我也越来越沮丧。我意识到自己的烦躁不安，也意识到当下正在发生的事情：我正在接受的考验恰恰是我试图掌握的人生经验，即如何妥善应对正在发生的事情，包括不愉快的事情。

但我实在厌恶应对自己根本就不想陷入的困境。时间如指间沙一般流逝，而我甚至都没法跑步了。在这种困境中，我还剩什么选择？

在经历痛苦之后，我不得不承认：有时候事情会超出我的控制范围，我也不得不接受这一点，而可以选择的是如何应对这种情况。这种情况的确很糟糕，但我要让自己沉浸在痛苦之中长达数周，甚至数月吗？

我选择专注于当下可以控制的事情，虽然我几乎无法行走，但我发现仍可以进行两项有意义的活动。首先，这种烦躁不安的状态是让我能够进一步了解自身情绪的绝佳机会。克赖斯特彻奇的经历使我认识到，压抑自己的痛苦会阻止我进入下一个探索的层次。其次，我进一步加强了冥想训练。冥想使我能更好地将精力聚焦在当下，拓宽我的自我意识层次并使我能有更多时间去客观地观察自己。

我读过一些文献，研究表明冥想能够帮助人们更好地应对疼痛。

乔·卡巴金曾在《灾难生存法则》（*Full Catastrophe Living*）一书中指出，参与研究的志愿者在轻微疼痛刺激下会有不同的反应。在比较冥想者和非冥想者之间的反应差异时，研究人员发现非冥想者体验到的疼痛时长比冥想者的要长得多，甚至在疼痛刺激尚未开始前，他们就仅仅因为预料到疼痛而感觉到了疼痛。不仅如此，非冥想者还需要更长的时间才能从痛感中恢复过来，并需要更长的时间才能不再感觉到疼痛。而冥想者只有在疼痛刺激真正发生时，才会产生痛感。正因为他们没有试图与疼痛对抗，才能将精力聚焦于当下并体验真实发生的事情。

令我感兴趣的是，这项研究证实了我自己在"孤山超级马拉松赛"时的经历。我在出现肌肉痉挛时所体验到的痛感十分强烈，但也并没有到无法忍受的地步，这种痛感没有演变成一种对自己的折磨。其中关键在于不让自己被不愉快的经历支配。当我坦然承认疼痛时，疼痛刺激就立刻停止了，痛感也随之消失。由于没有抑制疼痛的焦虑欲望，我避免承受更多的痛感。若是以前，这种痛感会令我不知所措。这是一个对坚持冥想训练的绝佳提醒，不全是为了减轻痛感，而是为了让我能以更加坦然的态度面对不适，从而避免额外产生的痛苦。我想熟练驾驭自己的内心世界。

从生理上讲，我们的大脑负责处理在混乱情况下发生的任何事情。杏仁核是大脑基底神经核的一个重要核团，属于大脑边缘系统的一部分。每当杏仁核受到威胁刺激而被激活时，它就会触发人们产生"战斗、逃跑或僵住反应"（fight, flight or freeze response），并刺激下丘脑释放压力激素。在儿童早期阶段，在我们的理性和创造性大脑尚未发育完全时，上述3种情绪反应模式就已大体形成。我们之所以进化出此类机制，是因为这些反应类似于"小心驶得万年船"的古训，它们对自我保护十分有效。这也解释了为何对于实际发生的事情，我们的情绪反应通常显得夸张了些。好消息是，我们的大脑具有"神经可塑性"，也就是说大脑的神经网络能够实现重组和改变。这意味着我们能够强化新的神经通路，并能用新习惯代替旧习惯。对我而言，冥想能使这一过程的实现变得更加顺利。

在冥想练习中，我的目标是时刻将精力集中在某个特定的对象上，不做任何评判。至少我本意如此。但我的大脑习惯于解决问题，制订将来的计划或者反思过去。我是一个思考型的人，不管我是试图将精力集中在呼吸、声音、想法还是身体的感觉上，要不了多久，我就会不由自主地走神。

冥想的确让我对自己有了意想不到的了解。自从与弗里曼合作之后，我认识到自己的控制欲是多么有害。于是，我开始努力克服这种反应倾向。通过冥想，我才知道我一直在通过思考来给自己制造一种"一切尽在掌控之中"的假象。此前，我一直没发现我的自我保护机制是如此牢牢地掌控着我的生活。我通过避开不良情绪，披坚执锐以保护自己，耗费大量的精力来确保安全。

当年，我因为父亲的暴力行为跑去警局寻求帮助，但遭到警察的无视。

几个月后，我挺身而出，最终自己摆脱了悲惨境地。那一天，父亲再一次追着我下了楼，最后一直追到了地下室。在他正要打我时，我没有再转过身去做小伏低，而是做出了一个惊人之举。我一步步走向父亲，举起双手呈保护姿势，站直身体，并以不容置疑的态度向他宣布：从今往后，他再也别想动我一根汗毛。时间仿佛在那一刻静止了。我看见站在我面前的是一个可怜的男人，他似乎突然之间变得渺小了，远没有我印象中那般高大。父亲的手不受控制地颤抖着，他压力大的时候手就会这样。他自小就患有神经功能障碍，手总会不由自主地颤抖。

时间像是过了一万年那么久，但其实仅仅过了几分钟而已。在这几分钟里，父亲和我都意识到了我们之间的关系已不复从前。几个星期之后，我进一步向父亲表明了我的态度，让他清楚地知道：如果他认为他只需要不再朝我动手就可以的话，那可就大错特错了——我不允许整个家里再有人受伤。当时我们正在房子的顶楼，他正要动手打我母亲，被我及时制止了。我甚至无须以武力来对抗，只凭坚决的态度就足够了。后来，我们之间的关系不可避免地越来越疏远，这也是关系转变必须付出的代价。

不再过度思考，抓住自己的选择权

到目前为止，我一直在努力降低自己的控制欲。但我意识到自己一直对另外一种反应倾向视而不见：自我保护，我以疏远自身情绪的方式来保护自己。每当遇到威胁，我便会逃到理性思考模式之中。在我目前人生的大部分时间里，我都活在一个由思维创造的世界中。在这个世界里，理性是至高无上的。无论是保持理性、掌控局势，还是热爱秩序和纪律，这些保护机制在学业上和商界里给我带来了极高的回报，我披荆斩棘，屡屡获胜。但我又为此付出了哪些代价？回顾过去，当我放下控制欲并不再过度思考时，奇迹悄然出现，如今这一切终于有了解释。

冥想练习撬动了我一些有害无益的行为模式，并产生了立竿见影的效果。起初，我注意到我整个人感觉更加轻松，压力也变小了。这种变化不单单限于冥想的时候，在日常生活中也同样如此。

随后，我更加频繁地意识到那些自己可以做选择的时刻。在冥想练习中，最重要的时刻恰恰是那些我发觉自己已经走神的时刻，在这样的时刻我可以选择下一步如何行事：是为自己没能成为一名优秀的冥想者而自责，还是温柔而坚定地将注意力重新集中到之前的冥想对象上去。冥想扩大了外部触发因素和回应之间的空间，让我有更多的选择和机会，而不是盲目地做出反应。这个空间为我开辟了更多新的可能性。

但脚后跟的疼痛没有任何好转，随着时间的推移，痛感更甚于前。一位同事建议我去他的运动理疗师迈克尔·布赖尔利（Michael Brierley）那里看看。布赖尔利曾与许多精英运动员合作过。我听从同事建议去看医生，发现布赖尔利确实十分厉害。他向我保证他一定能弄清问题所在。随后，他诊断出我患有典型的止点性跟腱炎。我必须在接下来的几个月内降低跑步强度，让腱组织得以恢复。

因为受伤，我还拒绝了一场费用全包的中国精英赛的邀请。穆林斯此前设法让我进入了50公里环抚仙湖马拉松赛的邀请名单，可惜时间不凑巧，无法参赛着实令我遗憾。于我而言，事情的轻重缓急十分清楚。我决定明智些，将完全康复放在第一位，并希望来年能再次受邀参加该比赛。

静养期间我恢复得很好。过了几个月，我满血复活，并开始为穿越澳大利亚高山区的100公里赛做准备。一个星期四的晚上，为了测试身体和精神

第 9 章 跨越熟悉的边界，跑向更高处

上的耐力极限，我决定进行一次特别艰苦的训练，即在北悉尼的 1.2 公里环路上跑 50 圈。在一整天的工作结束后，我已经筋疲力尽，但依然决定按计划行事，我把装满了饮料和食物的车停在了路边，以便在训练的同时测试补充身体水分和营养的计划是否合理。

我知道，在这样的训练中，情绪会像过山车一样跌宕起伏，但我很好奇自己会如何应对。令人惊讶的是，这场训练本身并没有太大的挑战性。然而我同样遭遇了一场困境，但并不是我自己的，而是一对夫妇的。他们当时就坐在环路旁一棵树下的公园长椅上。日落时，夫妇两人就已经引起了我的注意，因为他们之间萦绕着剑拔弩张的气氛。我每几分钟就会跑完一圈，然后便会看到他们的故事情节又往前发展了一点。毫无疑问，空气中充满了硝烟的味道。当我第一次看到他们时，两人根本不搭理对方。当我跑完一圈再次经过他们身边时，情况发生了变化，那名男士挥舞着手臂，情绪激动地解释着什么，而从那名女士的肢体语言来看，她压根儿不同意他的看法，但她什么也没说。当我再次经过他们身边时，那名女士用大量的手势动作代替了沉默。即便作为局外人，我都感受到了她有多么不高兴。这下换成那名男士万分痛苦地坐在那里保持沉默。而当我又跑了一圈之后，他们就拥抱在了一起，热情地亲吻着对方。在我下一圈经过那里时，他们已经离开了。

我感觉刚刚看完了一集电视剧，并上了一堂关于愤怒、沮丧和痛苦情绪的生动一课：无论那些情绪在当时有多真实、多强烈，它们都不会一直持续下去。这对夫妇解决了他们之间的感情问题，继续前行。这一幕让我认识到，今后当负面情绪将我淹没时，我也应以同样的方式去应对。

我一直跑到凌晨 1 点，但整个跑步过程一点儿也不无聊。我看到一名醉酒的青少年在长凳上入睡，还看到当地的野生动物在夜晚无人的公园里出来活动。蝙蝠从我头顶上飞过，在树上觅食；负鼠跑来跑去，在遇到我时被吓

傻了，然后呆呆地看着我；甚至老鼠也从阴沟里爬出来寻找食物了。在跑完50圈后，我为自己的专注力感到自豪。在跑步过程中，重复出现的消极想法没能诱使我放弃，然而我在完成训练后却不免担心起来：我"只"跑了6小时就已筋疲力尽，而想要获得"海岸到科修斯科峰"极限马拉松赛的参赛资格，我必须坚持跑24小时。我究竟该如何做到？

我陷入深深的自我怀疑之中。无法获得"海岸到科修斯科峰"极限马拉松赛参赛资格的可能性是如此真实，这个想法在我脑中挥之不去。眼看着自己就要回到自动反应行为模式，逐渐跌进消极的故事情节之中。我刚刚跑完60公里，早已筋疲力尽，时间也已经过了午夜，所以我必须及时制止自己的胡思乱想。我开始意识到自己身上发生了什么——我被自己的负面情绪压倒了。幸运的是，我想起在陷入软弱无助又疑虑重重的困境时，我仍然有选择的余地。于是，我深吸了一口气，大声喊道："又来！老一套！"就在直面情绪的那一刻，那些困扰着我的消极念头突然消失了。

这几个月经历的挫折让我收获了许多宝贵经验，如果一切进展顺利的话，我根本没机会学到这些。我的状态很好，有信心能拿到比赛参赛资格。首先，我会参加穿越澳大利亚高山区100公里赛；其次，我将加入一名波兰国际精英跑者的后援队，并以后援队员的身份参加"海岸到科修斯科峰"极限马拉松赛；最后，我还将参加一场24小时极限跑的比赛。其中，最令我兴奋的莫过于为这位波兰选手做后援，他的资历简直令人惊叹。他之前曾在24小时超马世锦赛上以267.187公里的成绩获得银牌。与这样一位有望赢得比赛的选手共事并近距离向他学习，令我异常兴奋。还有一个好处是，我们将比跑在后面的选手更早完成比赛，那些选手还需要尽力跑出官方限定的46小时内的成绩。在比赛后期，这位波兰选手甚至不需要我为他配速。

我早该知道自己不应高兴得太早。这位波兰选手受伤了，我似乎也无望成为其他人的配速员，因为我不认识其他参赛选手。

然后，赛事总监突然联系了我并为我做好了安排。澳大利亚选手大卫·比利特（David Billet）的后援力量尚不充足，因此赛事总监让我加入了大卫的后援队。此前，大卫已经完成了 5 次 "海岸到科修斯科峰" 极限马拉松赛，他母亲一直都是他后援队的成员。前几次，他差点没能跑进官方限定时间，但就在前一年，他将个人最佳成绩提高了近 9 小时，将名次提升至中间位置。我简直不敢相信自己竟有这般好运气。我知道自己能从他身上学到很多。他母亲负责为他补充营养和水分。在配速段，我会和大卫一起跑大约 120 公里。我的主要职责是确保他不会停下来睡觉。大卫做了明确的指示，无论情况有多艰难，我的任务都要贯彻执行。

为了给大卫配速，我必须做出牺牲，将自己的 100 公里比赛降级为一场 36 公里的比赛。两场比赛之间只间隔两星期的时间，如果不这么安排的话，我将没有足够的时间恢复。此前，我的适应性从未接受过如此频繁的考验，但好在事情的轻重缓急十分明确，这给了我极大的帮助。

与自我的对话
TURNING RIGHT

- 我们的梦想和最高目标往往并不在我们的舒适区内。你的梦想是什么？
- 你如何看待自己的成功？
- 你需要怎么做才能将片刻的放慢转变为未来不断加速的自我成长？
- 这辈子你想成为谁？

TURNING RIGHT

INSPIRE THE MAGIC

第 10 章

巅峰之下,为他人而跑

人生目的不在于抵达终点那一刻的欢愉,而在于活在当下。

第 10 章 巅峰之下,为他人而跑

> 我们逐渐注意到大量此前被忽略的现实。凭借这种开明态度、灵活性和好奇心,我们开始看到事物的某些真相。
>
> ——佚名

我终于来到了"海岸到科修斯科峰"极限马拉松赛的起跑线。当然,我只需暂时忘记我来此是陪大卫参赛这一事实。此时,他和一群出色的超级马拉松运动员出发向大山走去。我很快意识到后援队的重要性。在对比赛中可能遇到的挑战一无所知的情况下,贸然参加比赛虽然并非不可能,但肯定不可取。

我没有想到,作为一名后援队成员,我此番获得的经验远比参加任何100公里比赛提供的经验都多。我能够见证选手们以极强的决心和毅力不断挑战自身的极限,发挥出极限水平,他们的表现着实令人惊叹。例如,其中一位选手已从布罗肯希尔跑到悉尼,足足跑了1 100多公里。最鼓舞人心的是,所有人都认为自己潜力无限。我经常听见人们说,只要相信自己有决心,定能做成任何事情。

长跑启示录　Turning Right

成为后援队成员

我从大卫身上学到了很多。在比赛第一天，他很放松，耐心地将自己保持在靠后的位置上。他时不时就会停下来走一段，这样不仅节约了宝贵的体力，而且可以保持充足的比赛动力。日落时分，我开始和大卫一起跑，见证了他的策略是如何奏效的。其他参赛者在晚上放慢了速度，而我们则劲头十足，一个接一个地超越了他们。大卫心理上的优势彰显出来，整晚我都无须做什么来督促他继续前进。

大卫有望再创个人最佳成绩。第一晚，我们跑得非常顺利，"瞌睡怪"没能追上我们。从比赛开始到现在，可怜的大卫已经足足跑了 24 小时了，而且我们可能还要再跑 10 小时。白天灿烂的阳光让整场比赛变得比较轻松，我以为我们一定能坚持到终点。

然而大卫突然间就跑不下去了，甚至无法沿直线行走。他筋疲力尽，迫切需要睡眠。赛前我分配到的任务是确保大卫在整场比赛中不睡觉，我将此牢记在心，所以我告诉他在下一次我们赶上他母亲的车时，可以喝一杯含咖啡因的饮料。他母亲在前面开着车，始终保持在离我们不远的几公里处。大约 40 分钟后，我们跑到她的车旁边，她看了大卫一眼，随后直接无视我的要求，坚持要大卫必须小睡一会儿。

我虽然也很累，但听到这话后突然就进入高度戒备状态，我简直不敢相信自己的耳朵，大卫对此已经给过明确的指示。于是，我不得不重申大卫的话："无论发生什么，永远、永远都不要让我睡着。"而且我此行的唯一目的，就是让大卫尽早抵达终点。然而他母亲心意已决，坚定地盯着我并冷冷地说，她是大卫的母亲，没有人比她更清楚她儿子需要的是什么。她打出了"母亲牌"。

第 10 章　巅峰之下，为他人而跑

我陷入两难境地。虽然同意她的决定意味着违背大卫的指示，但如果这支全员睡眠不足的团队出现内部矛盾的话，那么大卫面临的境况将变得更加糟糕。我想起我朋友布兹的一次经历，他之前在参加"海岸到科修斯科峰"极限马拉松赛时未能完成比赛，就是因为他的后援队出现了内部矛盾。这场矛盾导致布兹陷入孤军奋战的状态，甚至没能补充足够的营养和水分。在距离科修斯科峰只有一公里时，他因实在没有力气坚持下去而放弃了比赛。

何为最优方案，在这一刻没有明确答案。是该坚持原计划，还是该根据现状调整？我没有太多时间考虑，于是决定遵从直觉。我想，适应现状的风险会更小一些。于是我与大卫的母亲协商，将大卫的睡眠时间限制在 10 分钟之内。然而，大卫在还没到 10 分钟的时候就醒了，他精神焕发，干劲十足地再次跑起来。8 分钟的小睡创造了奇迹，我们的决定是对的。

此次，我没有以自动反应行为模式来应对外部突发状况。这令我深感欣慰，同时也证实了延缓判断、随机应变比强行坚守原计划是更好的选择。小睡以后，大卫依然需要与疲劳做斗争。疲劳向他发起间歇性攻击，试图将他打败，但我们没有再做长时间的休息，最终成功登顶科修斯科峰并回到位于夏洛特山口的终点线。

我明白了掌握跑步节奏的重要性。大卫甚至无须明说，我便能感觉到他什么时候处于挣扎状态：首先，他的步伐会失去节奏；然后，他开始说一些消极的话。我要做的是帮他重新找回节奏。掌握节奏，痛苦便没有了存在的空间。但我也犯了一次错误，有一次我要求他加速，他十分愤怒，我不小心点着了一个疲惫的人心中的怒火。在过去 30 小时里，大卫已经跑了 200 多公里，早已筋疲力尽。而当我提醒他恢复跑步节奏时，他没有表露出任何负面情绪，反而开始加快速度。

最终，大卫以接近 34 小时的成绩进入了前 10 名，并且成绩在前一年出色表现的基础上提升了 1 小时。坐在终点线上，我不免诧异于自己的感受：相较于自己在运动方面取得的成就，帮助大卫取得出色表现更令我感到满足。

为别人而跑比为自己而跑要容易得多。我此行唯一的目的就是协助大卫跑到终点线。我尽我所能地帮助了他，无论是对他的疲惫表示理解，还是在最后的冲刺阶段给他鞭策。虽然整场比赛的输赢都与我无关，但这种超越自身、为他人而战的经历激发了一种新的"魔力"。

我甚至不需要一滴咖啡来保持清醒，也不曾意识到自己肌肉的酸痛。没有任何"我好累""我的腿好疼""我真希望这一切都结束了"之类的声音在我脑海中响起。在大红跑结束两年半之后，我终于再次踏入未知领域的探索。克赖斯特彻奇的经历有史以来第一次令我心怀感恩。

事后看来，在克赖斯特彻奇经历的失败甚至比在大红跑中获得的成功更令我受益匪浅。如果没有经历过痛苦，我就无法吸取教训。很明显，想要不经历痛苦就见证奇迹是不可能的。奇迹与痛苦有着千丝万缕的联系。

此次经历不仅让我对如何应战"海岸到科修斯科峰"极限马拉松赛产生了新想法，也让我有了在下一年的比赛中跑到终点的信心。我还与赛事总监保罗·埃夫里（Paul Every）和戴安娜·韦弗（Diane Weaver）进行了深度交谈，确保自己准确了解如何获得参赛资格。他们给了我很大的鼓励，并指出只要我进行了充足的山地跑训练，大方向就是对的。当保罗说期待在下次比赛的起跑线上再见到我时，我感到自己像是获得了某项荣誉一般。随后他又说了一番让我释然的话。他说即便是经验丰富的参赛者，也可能需要多次尝试才能抵达终点。此言一出，我立马感到轻松释然，这意味着我可以以一种不同的心态应战。我当然希望能完成比赛，但绝不会让这一目标成为压在我肩头的重任。我不会被"非完成不可"的想法所束缚。

我决定以新手的心态在比赛中试试新想法。我先试了一下大卫的跑步策略，结果让我对其能节省的体力感到惊叹，但最大的挑战仍在于如何合理应对情绪波动。为大卫配速时，我目睹了参赛者在通宵比赛后会因睡眠不足而在最后几小时里变得多么暴躁。毫无疑问，我需要加强练习，增强自己在不耐烦的状态下坚持跑步的能力。于是，我将更多训练移到了晚上。"让黑夜成为我的朋友，而非令我畏惧的敌人"是我在担任配速员期间最大的收获。我将参加的下一场重要的资格赛需要在 24 小时内至少跑 180 公里，这一收获对其将有巨大帮助。

摆脱控制欲，走出谷底

2018 年 4 月，我回到德国科堡参加一场 24 小时田径赛。这场比赛我至少需要跑完 450 圈，确保自己不头晕成为我面临的最大挑战。比赛从中午开始，我每跑几圈就走一分钟，以便能够在最后几小时以冲刺的方式完成比赛，并在第二天午餐时间结束比赛。许多乐观的参赛者超了我一圈又一圈。午后炎热的天气令我难以忍受，我的心率也明显高得让我有些不适，但其他参赛者似乎不太受到气温的影响。我不得不再跑慢些。我大概已经跌至第 8 名的位置了，内心也开始焦躁起来。

虽然焦躁不安和好胜心让我十分想要遵从内心的欲望，加快速度追上前面的人，但这一次我没有这么做。我集中精力，感受着当下的不愉快。形象地说，我在直面自己的焦躁情绪，观察它给我带来的具体感受。为了更好地观察，我将自己和焦躁情绪隔离开，抵制住它的"诱惑"，没让它将我拽入黑暗的深渊。虽然焦躁情绪的力量让我感觉真实而强大,但没有持续多久。这一秒看起来真实无比的情绪,下一秒却被证明并没有那么真实可信。不久,焦躁情绪便消失了。

随着夜幕降临,气温下降,排名也悄然发生了变化。我的名次正在不断上升,我甚至无须刻意加速。前面的许多参赛者因之前跑太快而体力不支,许多人减缓了速度,一些人甚至放弃了比赛。午夜过后没多久,我便跃居第2名。我跑得开心极了,夜跑也让我非常享受。夜间气温凉爽宜人,我整个人精力充沛。场地里的泛光灯照在升腾起的薄雾上,营造出一种如梦如幻的奇异场景。我只需按原计划行事,过程中最重要的是保持镇静。

日出后,炎热再次袭来,对我而言,比赛的环境改变了。在最后的2小时里,我时刻在与高温和疲惫做斗争。我和第一名之间的圈数相差甚远,但最后的成绩也令我无比兴奋。我一共跑了531圈,共计212公里,远远高于"海岸到科修斯科峰"极限马拉松赛要求的180公里的达标成绩。这个成绩足以让我参加梦寐以求的比赛。

然而,这场比赛更重要的意义在于它让我感觉到,过去几年屡战屡败的境况终于走到了尽头。大红跑无疑是我历史战绩中的高光时刻,但我不可能从一个顶峰直接跨越到另一个更高的顶峰。想再次登顶,我就必须先跨越谷底。脑海中重复出现的消极想法会让我产生负面情绪,当我意识到这一点并开始逐渐摆脱情绪对我的控制时,成功便触手可及。这些根本性的改变用了将近3年的时间,但我因此而获得的耐心和适应力让所有的付出都值了。科堡的这场比赛证明了我比以往任何时候都更善于随机应变、随遇而安,而不是纠结于脑中的理想状况。

由于科堡的赛道没有起伏,所以我还需参加一场排位赛以证明我能跑坡。3个月后，我参加了在澳大利亚新南威尔士州麦夸里港附近举办的首届大象越野赛（Elephant Trail Race）。该越野赛全程108公里，海拔爬升4 600米。尽管准备时间短暂，但我做了一个十分明智的决定：开车去麦夸里港，在实际比赛场地开展训练。这意味着我星期五下班之后需要开4小时的车赶往目的地，并在星期日赶回家之前熟悉完比赛场地。我很高兴自己做了这一决定，因为我发现现场有些坡实在太陡了。如果是在比赛当天才看到这种路况，我定会吓坏。几个星期之后，我以13个多小时的成绩在比赛中获胜。

2018年9月，"海岸到科修斯科峰"极限马拉松赛开放报名申请通道时，我已经做好了力所能及的一切准备，剩下的就要看保罗和戴安娜会不会给我参赛的机会了。无论结果如何，我感觉自己已然成长为一名成熟的跑者。我在逐步放下我的控制欲。当我不再关注比赛结果时，我反而能更加稳定地发挥，速度也更快。

当然，无论是对更多荣耀和骄人成绩的渴求，还是"功利小人"盘旋在我脑中的声音，都并没有消失，但我至今依然记得新西兰克赖斯特彻奇那场比赛的教训。现在除了静候赛事总监公布参赛人员名单之外，我什么也做不了。

提交完申请之后，我去了北悉尼奥林匹克游泳馆游泳，蒸了桑拿。在那里遇到了一位跑友，他向我介绍了一位曾两度参加"海岸到科修斯科峰"极限马拉松赛的参赛者，于是我赶紧抓住机会向他了解了更多信息。有趣的是，当我向他征求意见时，他最先想到的正是"选好后援队成员"，这和我的想法不谋而合。

我对我的后援队十分满意，他们不仅都是出色的参赛者，都有后援经验，而且彼此之间了解甚深。当我在科堡参加 24 小时比赛时，丽贝卡的后援工作做得非常出色，穆林斯和配速员乔都非常了解我，不会对我因睡眠不足而表现出的脾气暴躁感到惊讶。我们的计划简单而灵活，并始终以"关注当下"为要点。只有这样，我们才能在遭遇突发状况时以奇招制胜。

在桑拿房的聊天使我受益匪浅，更让我深受鼓舞的是这位跑友对比赛的总结。他说："参加比赛的人都很棒。在他们面前，你无须解释什么。许多人会吃惊地问我们跑那么远到底图什么，那些人无法理解我们。但跑步的意义对于参加比赛的人来说，是不言自明的。"这番话正是我为大卫配速之后的感受。那是一种心之所归的舒适自在，因为我们周围都是志同道合的人。

挫折如约而至

按原计划，两个星期后的星期日会公布参赛人员名单，那个周末证明了保持耐心绝非我所长。我一整天都在盯着手机，每隔几分钟就刷新一下收件箱。然而我既没有收到电子邮件，也没有接到电话。最终，我不得不在这种未知的情况下上床睡觉。

第二天一早，我终于收到了令我无比激动的消息。保罗在前一天的后半夜发了一封邮件祝贺我入选，这意味着我有 10 个星期的时间来做好最终准备。终于，一切就位。

穆林斯给我带来了另一个好消息：2017 年我因跟腱受伤而无缘参加的那场中国 50 公里比赛，这次又邀请了我。此次比赛是在武汉附近举办，这场比赛正好让我为"海岸到科修斯科峰"极限马拉松赛做好准备。我打算再做最后一次一整周的训练，以便到时以稳定的节奏完成比赛。然而最好的消息莫过于我的整个后援队成员——穆林斯、乔和丽贝卡同样受邀去中国，他们将参加另一场100公里比赛。

这是丽贝卡、乔和我第一次去中国，我们感觉棒极了。我们不仅第一次被称为"精英"，还受到名人一般的待遇，甚至有当地人和比赛的工作人员排队找我们签名。当乔单身的消息传开来后，他的签名大受追捧。此次的50公里比赛和100公里比赛邀请了来自世界各地大约100名运动员参加，而且奖金不菲。大多数参赛者都刚刚参加完100公里的世锦赛。虽然我们4人拿奖的希望都不大，但丽贝卡在她参加的首场100公里比赛中居然以9小时2分的成绩拿到了第9名。如果她是澳大利亚人，该成绩足以让她获得下一届世锦赛的入选资格，但丽贝卡是新西兰人，新西兰的成绩标准是跑入8小时30分。

在武汉的比赛比我们任何人预想的都要艰难，但我没料到会有那么多人提前退出比赛。诚然，比赛当天的气温远远高于赛前那几天，而且赛道的起伏程度远超大家的预期，我依然想要在这场世界级的比赛中锻炼自己的适应能力。我观察到，很多男选手因比赛的实际状况与他们的预期不符而无法适应，苦苦挣扎。

然而，女选手却很少选择提前退出比赛。这是否意味着她们更善于通过改变预期来适应环境？大量男选手提前退出比赛，是否证明了他们更加自负，无法做到随机应变？他们似乎因想要坚持原始预期，而无法适应现实。当我在晚宴上提及该问题时，一位在100公里赛和24小时世界级赛事中屡次刷新欧洲纪录和世界纪录的匈牙利女选手回答说："凯，如果你想跑出更优异的成绩，那么你就得向女性参赛者看齐。"

从中国回来后不久，我减少了训练量，为"海岸到科修斯科峰"极限马拉松赛养精蓄锐。无论是在身体上还是精神上，我都已经准备好了。再过两个星期，我们将站在澳大利亚东海岸伊登附近图福尔德湾的起跑线上。那时日出东方，海浪滚滚而来，我们将从那里出发，前往科修斯科峰。

然而，我在第二天早上收到了一个意想不到的令人绝望的消息。赛事总监保罗给我发了一封电子邮件，主题是"2018年'海岸到科修斯科峰'极限马拉松赛或将取消"。我紧张又焦虑地等待官方最终的决定。24小时之后，我得知本次比赛已确定取消，而且此后很可能也不再举办了。虽然已经顺利举办了10多年，但市议会和交通部门决定还是取消该赛事。

这封邮件像是一支穿胸而过的箭，将我的心刺了个对穿。在将近18个月的时间里，我将全部精力倾注在这场比赛上，然而在我40岁生日的前3天，它突然被取消了。我再也不会有机会参加"海岸到科修斯科峰"极限马拉松赛了。我在克赖斯特彻奇的比赛上浪费了一年的时间。对比赛的取消，我无能为力。

事情如此失控令我感到厌恶，但好在如今我已能通过自我反省来仔细观察自身感受。我极度地失望、沮丧和悲伤，如此出乎意料的悲剧居然发生在我身上，谁都没能料到赛事居然会取消。

没有需要解决的问题，只有需要接受的现实。我本就希望在比赛过程中遇到一些挫折，挫折如约而至。我本已做好接受一切比赛结果的准备，但我做好了接受没有比赛结果的准备了吗？我应对挫折的力量真的足够强大了吗？

通过这次挫折，我能感受到自己成长了多少。如果一切如我所愿，那我会理所当然地认为自己已经取得长足的进步，我脑中浮现的念头将是："将精力集中于可控因素。""从逆境中重生。""选择在困境中的反应。"但如今我面对着无处可躲的灾难，只能现出原形。

令我惊讶的是，我体验到了一种来自内心深处的平和。这意味着我发生了根本性的心理转变。如果此事发生在几个月之前，我可能会疯掉。以前的我倾向于快速思考出解决方案，然而这只能解决我想象出来的问题，无法解决我真正面对的现实问题。这一次，我放慢了思考速度，细细体会着自己的感受，我既没有生气痛苦，也没有想要责怪谁，这令我很惊讶。我的思维方式变了，情绪也变了。

这当然并不意味着我对赛事取消感到高兴，绝非如此。虽然我眼睁睁地看着自己的梦想变成碎片，满心痛苦，但我并未因此而失去理智，饱受折磨。我无须逃避式地将目光从痛苦的现实上移开，对我而言，这是最重要的转变。多年的冥想和适应力训练已然改变了我大脑的思维模式。

我深刻地认识到，在任何时候，我们都手握选择权。这正是维克多·弗兰克尔传达的理念。比赛取消带来的失望是来自外界的刺激因素，而我选择的回应是承认并接受。我既没有抓着完成比赛的执念不放，也没有竭力推开比赛取消引发的厌恶感。当我聚焦于当下时，我感觉时间变慢了。如此一来，我便能以冷静的头脑处理当下发生的一切。在失去控制权的同时，我却拥有了更多的自主权。我没有选择自动反应行为模式，而是有目的地做出了回应。

"令人精神错乱的 200 英里西部赛"

此前我已决定，只要我能接受此次比赛的任何结果，就算挑战成功。"我成功了，甚至连跑都不用跑。"我厚颜无耻地总结道。这段旅程从来都不是为了登顶科修斯科山，而是旨在实现自我的蜕变。我的过往无法定义我，我的优势和别人对我的认可等也无法定义我。我的成功无法定义我，我的失败也无法定义我。此行的目的在于测试内心的召唤能使我行至何处。我的目的在于激发"魔力"、见证奇迹。未能参加"海岸到科修斯科峰"极限马拉松赛让我的心态提升到一个新的层次，甚至可能比登顶本身带来的成就更甚。

从某种程度上说，"海岸到科修斯科峰"极限马拉松赛的取消让我回想起自己在跑大红跑时的感受。那是一种目标和梦想保持一致的兴奋感。这两次挑战使我在未知之境的探索更加游刃有余。我感到整个人焕然一新，热切地想要去探索未知。在大红跑之后，我被"魔力"之光深深吸引，它比所有最狂野的梦想都更加耀眼。

这一次，随着参加梦想比赛的愿望化为泡影，我也被情绪的洪流卷入黑暗之境。然而黑暗将我紧紧裹挟住的感觉，甚至比当初站在世界之巅的感觉更加令人着迷。我不再害怕失败，因为我学会了看穿幻觉。随着内心指引之灯亮起，我已准备好去探索这片黑暗之境。我遵从内心的召唤，随洪流去深渊底部一探究竟，不再将赛事取消当回事。

其他参赛者、他们的配速员和后援队，以及赛事总监戴安娜和保罗都失望极了。沮丧的氛围笼罩着整个澳大利亚超跑社区。我们的巅峰赛事就此被永久取消了。当道路使用申请未获许可时，甚至连澳大利亚超跑者协会的主席都出面与当局进行协商。据说新上任的主管官员对安全因素的考虑更为谨慎，他提出了一些相当苛刻的要求，主办方想在短时间内按他的要求准备比赛根本不可能。无论该理由是否合理，赛事取消都已成事实。我所能做的就是向前看，然后考虑清楚这次赛事取消对我带来了哪些影响。

我相信一定能找到另一场有参与价值的赛事，但关键是当下我的身体正

第 10 章 巅峰之下，为他人而跑

处于最佳状态，我必须抓紧时间参赛。等待的时间越久，我就越可能在比赛时倦怠或受伤。我浏览了一下那几个月澳大利亚和新西兰的超级马拉松赛事日历，并未找到任何合适的比赛。时值夏季，这并不是举办超级马拉松赛的理想季节。于是，我开始寄希望于其他因赛事取消而失望至极的参赛者身上。既然我们面临相同的困境，那么就应该有人会挑出另一场合适的比赛，否则他们的付出也将白费，然而我很快意识到我需要将命运掌握在自己手中。

我再次浏览了那几个月的超级马拉松赛事日历。这一次，我注意到我此前过早地筛掉了一场很合适的赛事。西澳大利亚州将于次年 2 月首次举办一场赛程为 350 公里的赛事，即"令人精神错乱的 200 英里西部赛"。比赛赛程将覆盖诺斯克利夫和奥尔巴尼之间 350 公里长的比布门步道。这场比赛一开始并没有引起我的注意，因为实在太疯狂了。我想也没想就得出结论："赛程太长，我无法完成。"而当我回过头来细想时，才意识到这场比赛再合适不过了。前几年，参加"海岸到科修斯科峰"极限马拉松赛对我而言同样是一个不可想象的挑战。既然目前跑不成 240 公里，那不如直接跑 350 公里，顺便再翻越一些沙丘，岂不更有意思？

希望再次实现"右转"是我决定参加这场比赛的最主要原因。在如此长的赛程中，我定会遭遇无数困境。我将无法避免地遭遇危机，因此只能选择克服它们。只有"右转"，我才有机会战胜内心的恶魔。我的常规行为方式已经发生了 180 度的大转变。一直以来，我总在不断追求下一个高峰，竭尽全力地避免跌入低谷。这个做法，不仅让我耗费巨大的精力，还使我自始至终做事都不得要领。相较于攀上高峰，我在低谷中学到的东西甚至更多。每一个低谷都反映了我的弱点所在。如果我只愿拥抱成功，那我就无法从失败中吸取教训。而当逆境袭来时，我便毫无还手之力。从"海岸到科修斯科峰"极限马拉松赛的经历中，我对人生目的有了不同的理解：人生目的不在于抵达目的地那一刻的欢愉，而在于活在当下。

长跑启示录 Turning Right

在我尚未联系"令人精神错乱的 200 英里西部赛"赛事总监肖恩·凯斯勒（Shaun Kaesler）时，他就已经向所有因"海岸到科修斯科峰"极限马拉松赛事取消而备受打击的参赛者群发了一条信息，鼓励大家参加此次 350 公里的赛事。对我们的遭遇，肖恩感同身受。"海岸到科修斯科峰"赛事取消同样给他的赛跑计划带来了极大的影响，他不仅在该赛事中担任过配速员，还曾参加比赛并取得了前 10 名的好成绩。

作为这项赛事的总监，肖恩还为我们这群备受打击的参赛者提供了 240 美元的报名折扣，以此纪念取消的 240 公里的"海岸到科修斯科峰"极限马拉松赛。事已至此，我们只需要走个报名流程。我没有被"理性小人"说服，承认这是一场无法完成的挑战。我的直觉没错：令人失望的情境中必定会有宝贵的经验教训。于是，我决定参加这场名副其实的"令人精神错乱的 200 英里西部赛"。

与自我的对话
TURNING RIGHT

- 当身陷痛苦或失望的黑暗深渊时，你是如何应对的？
- 你目前要应对的最大挑战是什么？
- 为了克服过程中的困难，你正在采取哪些措施？
- 你如何为自己的蜕变寻得相应的支持？

TURNING RIGHT

INSPIRE THE MAGIC

第 11 章

攀登新的高峰,为自己奔跑

为了继续发展，必须放下让我们取得目前已有成绩的一切方法，全力聚焦于未来的旅途。

第 11 章 攀登新的高峰，为自己奔跑

  高效运转的头脑意味着在任何情境下都能快速进入最有益、最理想的意识状态。

——安娜·怀斯（Anna Wise）
作家，冥想训练师

  几天之后，我与赛事总监肖恩的交谈证实了"令人精神错乱的 200 英里西部赛"正是我心目中理想的比赛。随着他给出更多具体信息，这场比赛的艰难程度也愈发清晰：赛道绵延起伏，沙丘多到数不清，大量虫蛇出没，天气炙热，此外还要连续几天睡眠不足。据他估计，80 小时左右跑完全程将有机会赢得比赛，而完成比赛的时限为 104 小时。正常情况下，我一星期的工作时长都没这么长。

  我本预计在 30 小时之内完成"海岸到科修斯科峰"极限马拉松赛，而如今我要面对的是一场完全不同的比赛。我们将从星期三的早上 7 点开始跑，一直跑到几天后的星期日下午 3 点才结束。肖恩还随口提了一句，除非有关部门及时重新开放 380 公里长的原定赛道，否则我们只能按计划跑当下这条"短"赛道。也就是说，这场 350 公里的比赛还有可能变成 380 公里。

但他向我保证，即便赛程变长了，他也不会向我们多收一分钱。

令我惊讶的是，虽然这场比赛的赛程标准远超我曾参与过的任何赛事，但它并未让我在夜里辗转反侧、难以入眠。纵然对如何应对不断升级的复杂状况毫无头绪，但我也没有陷入焦虑。这便是几年的"右转"给我带来的转变吗？待在舒适区里必定无法继续实现个人成长。如果想在"海岸到科修斯科峰"极限马拉松赛取消的失望中获得成长，我就必须解锁未知的内在潜力。而想要做到这一点，我必须相信，在通往终点的路上，我会想清楚自己要成为什么样的人，以将这场比赛进行到底。在过去的比赛中，我获得了许多赛跑领域之外的人生领悟。希望这一次，我依然能通过亲身经历，学到宝贵的人生经验。

从挑战赛道，到挑战职场

这一次的比赛没有让我焦虑，但工作让我焦虑不安。我在悉尼度过了很棒的两年，我们不仅成功改变了公司的工作方式，还改善了企业文化。然而我的成长曲线再度变平，大量重复性的工作令我无比厌倦，内心的呼唤声越来越响亮。它在问我，敢不敢将赛场上的激情运用到工作领域中。在工作中，我向来以稳妥为第一准则，所以只粗浅地尝试过几次将"右转"的想法带入工作中。

可内心的呼唤声越来越大，让我无法忽视。是时候该来一场彻底的变革了。在与弗里曼的合作和神秘跑训练中，我感觉自己学到的很多东西完全可以应用在赛跑之外的领域。因为"右转"完全具备激发个人、团队和组织"魔力"的能力。

第 11 章 攀登新的高峰，为自己奔跑

这一想法重新激起了我对工作的干劲。我不禁在想，随着比赛的难度越来越大，像"令人精神错乱的 200 英里西部赛"这样的比赛究竟还能给我带来多久的满足感。虽然参加此类比赛的确是一种挑战，但这种挑战方式其实已经成为我的新的舒适区。无法忽视的事实是，我正在逃避踏入真正的未知之境，即把"右转"应用到工作中。

我一直将自己限制在相对安全的区域内。在跑步方面，我不断追寻它对我人生的意义，并取得了长足的进步；在工作方面，我尚处于起步阶段。在我的整个职业生涯中，无论是作为顾问还是作为零售商，我一直热衷于建立高绩效团队，注重培养新一代领导者，尤其重视公司的文化升级。我拥有多国工作经验，并在生活和工作中沉浸式地亲身体验不同国家的文化。每个地方的文化都令我着迷。我曾半开玩笑地说："我的笔记本电脑在哪里，我的家就在哪里。"如今，这句伤感的玩笑话不禁让我想到：既然我已将职场视为新家，那为何不将我的热情职场化、将我通过跑步领悟到的心理力量应用到工作之中呢？

我的愿景变得更加清晰：我想找到一种方法来支持个人、团队和组织实现他们各自的梦想，并通过将"右转"应用于职场来实现这一目标。我热衷解锁阶跃变化，尤其当渐进式改善无法带来明显效果时。而其中的关键在于实现转型，这要求我们能勇敢地探索新领域，突破限制性思维方式的局限。我的梦想是创建自己的公司，开启阶跃式转型之旅。我将以激发"魔力"为己任，为公司提供文化转型计划、高管培训计划和主题演讲活动。这些想法令我兴奋不已。毋庸置疑，我还有很多工作要做。我必须先学习如何对他人进行指导培训，并拿到一些资格证书，但我不知道从何开始。

多年以来第一次，职业发展变得与跑步同样重要。在"令人精神错乱的 200 英里西部赛"的赛前准备阶段，我碰巧在悉尼遇到了我刚入职场时的

长跑启示录　Turning Right

第一位上司哈拉尔德·范德尔（Harald Fanderl）。那时他们全家刚好在悉尼度假。在此之前，我们已经有将近10年没见过面了，但当我们共进晚餐时，一切自然又舒适，就像我们昨天才刚刚联系过。这顿意外的晚餐给我带来了一些头绪。

我们聊了很久。哈拉尔德向我讲述他在麦肯锡担任高级合伙人的生活，然后我向他分享一些"右转"的经历及我对个人成长和冒险探索的热情。哈拉尔德一直都很支持我，这次也不例外。他给了我一些来自世界各地的优秀高管培训师的联系方式。与这些培训师的交流将能使我更好地了解如何创业、如何在这个领域闯出名堂。

除了宝贵的人脉，哈拉尔德还分享了他在学习领导力课程时收获的一句话："我们都有童年创伤，但如果想有所作为，你就必须克服那些创伤。"

刹那间，我想起了父亲的巴掌一次又一次落在我脸上的情形。我回想起自己爬上床，扯过被子将自己裹住，躲在里面哭着抱怨世界的不公。我当然有不少童年创伤，但在成长过程中，我学会了如何躲开父亲阴晴不定的脾气，阻止他的暴行。那是一段艰难的路，但也让我获得了人格和经济上的独立。如今，无论什么事情，只要我下定决心，必定能取得成功。

最重要的一点是，我从未效仿过我父亲的行为模式。我们家族中的几代男性或多或少都表现出家庭暴力的倾向。我曾发誓，永远都不要步他们后尘，因为母亲已经让我学会了如何用其他方式来应对冲突。在仔细琢磨哈拉尔德的话后，我得出的结论是：我已经克服了童年的创伤。难道不是吗？难道还有盲点？难道还有因太过沉痛而无法回首的过去？

有了行业里的全球顶尖精英背书，我对在工作中激发"魔力"需要掌握的基础逐渐有了更加清晰的认识。我的德国前任上司给我介绍了一位住在瑞士的意大利高管培训师。我又通过这位培训师联系上了来自美国的莉萨·多伊格（Lisa Doig），她现在住在澳大利亚西海岸的珀斯。莉萨和她的丈夫是一家培训公司的创始人，该公司旨在为引导员和培训师提供资质认证项目，以推动企业文化的可持续转型。我将向她学习如何通过关注价值观和目标，来帮助领导者在个人生活和职场中实现转变。我逐渐意识到，当我试图与其他人分享我通过跑步所体验到的"魔力"时，我一直未能考虑到他们自己的价值观。转变需要亲历，而非思考，这种认知正是我需要的。一想到再过几星期，我在飞往珀斯参加西部赛时能见到莉萨本人，我就感到由衷地开心。

找到意识的突破口

比赛临近，我和后援队成员一起前往西澳大利亚。丽贝卡和穆林斯主动提出在补给站为我提供水和食物，并在比赛的后段为我配速。在离开珀斯之前，我和莉萨约在一家海滩咖啡馆见面，我们一边欣赏着印度洋的美景，一边享用早餐。我对她即将分享的内容充满好奇，也很高兴能有机会暂时把近在眼前的疯狂挑战赛抛诸脑后。自从我们见了面，我就知道我找对人了。

莉萨似乎明白我不想再过管理者和参赛者双重身份割裂的生活。如果我能将这两种生活融为一体，那将会达到"1＋1＞2"的效果。我在跑步中追寻的"魔力"并未让莉萨感到有多震撼；相反，她认为这些经历"规模和风险都很小"。我是否在赛跑以外的领域实现了转变？在她看来并没有。她的看法与几年前弗里曼的看法极为相似：我依然在牢牢地抓着控制权不肯放手；我依然在自我保护。

我深知，想要成为一名可靠的高管培训师和转型改革的推动者，我还有很长的路要走。至少我以顾问和高级领导人的身份与高管们共事的经验，还是具有一定价值的。我亟须学习的部分再明显不过了，我必须改变自己的反应模式，例如控制欲、批判倾向以及在冲突中置身事外的不良习惯，否则我将无法很好地帮助他人挖掘出他们自身的全部潜力。做好从内在改变自我的工作是最关键的，因为它将决定我能否有效促进自我转变。作为一名真正的领导者，我必须站在根本性变革的最前沿。那么我是否已准备好踏上另一段艰难的旅程，开始改变我根深蒂固的反应模式？

莉萨也提及我们每个人都经历过创伤，这让我想起了哈拉尔德所说的童年创伤。我们必须冲破在儿童时期形成的限制性信念，只有这样才能真正实现目标。当她说到这里时，我立刻有一种想大喊的冲动："没有！我的童年没什么可看的！"那些向我砸过来的厨房用具、砸变形的煎锅、摔碎的咖啡杯、撒得到处都是的咖啡，都已是过去式。然而我深知，要想迎接莉萨的挑战，保持开放和好奇的心态当然比躲进壳里更加合适。她谈论的是一个我知之甚少的世界。如果她说得没错的话，那么我内心依然潜伏着一个我避而不见、不想正视的自己。她还谈及将"右转"扩展到跑步之外的领域，这样其他人无须通过跑数百公里来体验"魔力"，这一观点引起了我的极大共鸣。

对于莉萨提及的转型方法，已有大量可靠的研究证实了其有效性。我猜想，此类研究同样能够支持和解释我的大部分"右转"经历。莉萨鼓励我从理查德·巴雷特（Richard Barrett）提出的七个意识层次开始，并建议巴雷特的文章《从马斯洛到巴雷特》（*From Maslow to Barrett*）将是一个极佳的突破口。告别之前，我向她承诺会在西部赛结束后加入她的资质认证项目。我们一致认为，就目前而言，继续留在当前工作岗位上并利用空余时间为职业转型做准备才是最佳方案。莉萨还说，在当前组织中也有可能出现转型机会。

第 11 章 攀登新的高峰，为自己奔跑

随后，丽贝卡、穆林斯和我驱车前往比赛起跑地，并与其他参赛者会面。我坐在后座上，仔细思考莉萨提及的突破口。巴雷特以马斯洛的人类需求金字塔模型为基础，提出了"意识的七个层次"，并以此来解释我们每一个行为背后的动机。前三个层次与马斯洛的模型极为相似，反映了我们对安全感的需求、对生存能力和人际关系的关注。这些层次的意识是我们恐惧的来源，因此我们的此类需求永无餍足，这也解释了我们为什么会对成功、名声、金钱和物质等有着无法抑制的欲望。

巴雷特将人类需求金字塔模型的最高层"自我实现"扩展为四个独立的层次，作为意识的第四到第七层。在巴雷特的"意识的七个层次"中，从第四层升到第七层的根本区别在于，当我们抱有发展的心态，我们的精力不会被沮丧和不安给消耗殆尽，相反我们可以选择如何有目的地、有意识地行动。我们可以从更深层的"高我"（Higher Self）角度来回应自我的需求。我认识到在面对克赖斯特彻奇的惨败和"海岸到科修斯科峰"极限马拉松赛事取消时，我之所以会有两种截然相反的感受，是因为这些不同的回应。在克赖斯特彻奇比赛中，我退回到自我意识中，一心只想要获得成功；在得知后者赛事取消后，我聚焦在当下，一心只想要实现个人发展。

"意识的七个层次"的第四层是关于转变和进化的，它引入了一个超越自我需求的全新视角，我认为"右转"解锁的正是这一层。想要实现第四层的转变，我们必须认识到：为了继续发展，我们必须放下让我们取得目前已有成绩的一切方法，全力聚焦在未来的旅途上。建立新的价值观开始变得更加重要，如勇气、成长和适应力等。

巴雷特的这个模型令我深深着迷，因为它不仅解释了我过去发生的事情，而且还大致地勾勒出了前进的道路。意识的第五层的重点在于寻找自我存在的意义，这与我想在即将到来的西部赛中实现的目标不谋而合。我希望

我能相信自己、忠于自己的目标。意识的第六层和意识的第七层侧重于与他人建立协同合作、为社会做出贡献，这两层意识无疑与我的职业有极高的契合度。这个模型描绘出未来我的领导力进阶路径：通过意识层次的提升，我将成长为一名领导者。莉萨将这段从"自我"进阶到"高我"的旅程称作"内在工作"。随着意识层次的提升和拓宽，我们的视野将变得更加开阔，并因此产生全新的可能性。现在，我终于明白为什么"右转"会让人自然而然地获得更高级的能力。巴雷特的模型如同一个指南针，让我找到了前进的方向。

有趣的是，提升和拓宽意识并不意味着放弃和否定低层意识。相反，我们将通过整合低层意识来增强自己在不同视角、不同意识层次之间来回切换的能力。研究表明，高效领导者往往能够在各个意识层次之间切换自如，也不会局限在某个视角里面，这使他们能够目标明确地应对挑战。

这意味着，我所寻求的"魔力"与拓宽不同层次的意识在本质上并没有什么不同。也就是说，我创办企业、激发"魔力"的愿景，实质上意在帮助个人和组织拓宽意识层次。组织需要走的路与个人需要走的路是一样的。组织能够在哪个意识层次上运作，取决于领导者的意识层次。巴雷特还特别强调，任何转变都需要从自身开始。正如他在《建立价值驱动型组织》(*Building a Values-Driven Organization*)中所述："公司文化转型始于领导者的个人转型。组织的转型取决于组织成员的转型。"莉萨也告诉我，如果想要释放其他领导者的"魔力"，我必须从自身开始。

漫长冒险来临的前夜

虽然我很想细细研究自己的职业发展之路，但眼下我不得不将精力集中在西部赛上。丽贝卡将车停在一家超市门口，我们采购了大量物资，将租来的越野车装得满满当当。不管这场比赛要进行多久，我相信我们肯定都不会挨饿。随后我们继续前往诺斯克利夫，比赛将于次日早上开始。天气已经很热了，接下来几天比赛的困难程度可想而知。

我们于傍晚时分抵达，并与其他参赛者碰了面。主办方没有给参赛者安排任何活动，但为后援队成员举办了一场别开生面的比赛——"饭桶跑"。这场趣味赛大大缓解了我们在赛前的紧张情绪，也证明了玩得开心的确是缓解情绪的最佳方式。大多数后援队成员都换上了20世纪80年代流行的装扮，还有不少人戴上了假发，做成胭脂鱼发型（一种头顶和后脑勺头发长，两侧头发极短的发型）。肖恩对这个一听就很"饭桶"的比赛规则做了解释：参与者必须先喝完一罐啤酒，带着一个空啤酒桶跑至1.5公里远的中点处，然后坐在空啤酒桶上喝完第二罐啤酒，最后空着手冲刺回来。每个参与者都大口喝完第一罐啤酒，把酒桶扛在肩上，边跑边试图找到合适的跑步方式，我们观赛的人也不禁受到眼前的竞争氛围的影响。

穆林斯是第一个越过终点线的人。在比赛刚开始时，他和其他一些人差点被取消比赛成绩，因为他们没有按照赛道标记跑而跑错了方向。但最终穆林斯赢得了比赛，并拿到了奖品——30罐啤酒。啤酒当然是接下来的几天中我们最不需要的物品，但此次"饭桶跑"提醒了我们：在正式比赛中不能像穆林斯那样莽撞，无视路径标记。350公里的距离已经够远了，举办方可不会将跑错的距离计入总成绩。幸运的是，至少总赛程没有改成380公里。

在晚上的赛前简要会议上，肖恩对组织"海岸到科修斯科峰"极限马拉松赛的保罗和戴安娜表达了敬意，虽然这两场比赛截然不同，但却秉持着相同的比赛精神。虽然当下我们距离科修斯科山有数千公里，但我们仍属于同一个赛跑大家庭，有着相同的爱好和价值观。对跑步的热爱注定了我必将来到此地。于我而言，没有什么比这场比赛更合适的了。

当晚的亮点是对 36 名参赛者进行介绍的环节。我很快认识到自己置身于一群成绩斐然的专业运动员之中，他们无一不是历经多年的苦练和提高，才有了此番成就。他们之中甚至还包括有着传奇经历的迪恩·莱纳德。在他参加穿越戈壁沙漠的 250 公里马拉松赛时，有一只田园犬一直陪伴着他。后来，他回去收养了那只田园犬，并就这段经历写下了精彩的畅销书《寻找 Gobi》。前不久，迪恩还在美国参加了"三重冠系列赛"（Triple Crown），即在 9 个星期时间内完成 3 场约 330 公里的比赛。

其他参赛者还包括杰出女运动员坎迪丝·伯特（Candice Burt）和吉恩·戴克斯（Gene Dykes）。坎迪丝不仅是"200 英里女王"，还是三重冠系列赛的组织者。吉恩则是三重冠系列赛最年长的完成者，2018 年年过七十的他还在一场马拉松赛中以 2 小时 54 分的成绩打破了其所在年龄组别的全马非官方世界纪录。参赛者中还包括国家纪录保持者以及成功登顶珠穆朗玛峰的人。几年前，我肯定会觉得自己没有资格与他们一战，而如今我只是心怀敬畏。

幸运的是，迪恩·莱纳德给了我一些建议。他告诫我不要在比赛初期跑得太快，也不要推迟睡眠时间。推迟睡眠时间会让我难以入睡。他指出，能否在此类比赛中取得好成绩，很大程度上取决于参赛者的睡眠策略。他的建议让我再次意识到这场比赛对我而言是一个全新的领域。我既没有睡眠策略，也没有在跑步状态与睡眠状态之间来回切换的经验，唯一的方法只剩闷头一试。

轮到肖恩介绍我时，他无话可说，就像我是个无名小卒一样。在众目睽睽之下，我怀着喜忧参半的心情艰难地做了几句自我介绍。一方面，我喜欢

第 11 章 攀登新的高峰，为自己奔跑

这种没人拿我当竞争对手的状态；另一方面，我内心的某一部分受到了深深的伤害，这令我回想起父母将我称作"来自罗马尼亚的吉卜赛人"的事，听起来像是父母在拒绝承认我是他们的儿子一样。我们家祖上是德意志人，他们在特兰西瓦尼亚地区生活了几个世纪，这个地区作为边境地带曾先后隶属于不同国家。不论是在学校、在职场，还是和朋友在一起时，直接讲"我是德国人"比解释说"我是罗马尼亚出生的德国人，并在一岁时移居德国"要简单得多。每当朋友们在学校里聊到我父母在家会说一种奇怪的德语方言时，他们就会取笑说我是外国人。

在赛前会议上，当我看到贾妮娜亲切而熟悉的面孔时，我由衷感到高兴。她曾和我一起参加了大红跑，如今就坐在我身后。她相信我将会像在大红跑中那样，一举惊艳所有人。我当然希望她是对的，但一切未可知。贾妮娜说她会时刻关注我在赛场的表现。这次她是比赛的医务人员，她可不希望我有用得到她的地方。此次见到我，她格外开心。她说当我提早完成比赛时，我可以坐上她家的直升机，让她丈夫带我从空中俯瞰整个赛道。她没有说"如果"，而是十分确定我会提前完成比赛。这无疑给我增加了额外的动力。

我提醒自己务必小心。很可能一不小心，我就会被"自我"冲昏头脑，将精力集中在比赛成绩上了。无论是参加"海岸到科修斯科峰"极限马拉松赛还是参加这场比赛，我的目的都没有改变。我只想让自己沉浸在充满不确定的环境之中，以随机应变的心态去应对一切困境。我必须将克赖斯特彻奇的教训谨记于心，并牢记我的目标不在于证明自己能跑多快。如果我醉心于追逐荣耀，这场比赛也将成为一场灾难。我必须聚焦于当下，而非终点。

我打算关闭理性大脑，让直觉发挥作用。眼前的比赛，想想就令人觉得可怕。如果听从"理性小人"的分析，那么结论将再简单不过：连跑 8 场马

长跑启示录 Turning Right

拉松赛是不可能的事。但如果我放弃理性思考带来的保守和局限，那么我定能找到办法。

只要我能拥抱在这场漫长的冒险中出现的一切可能性，就算是成功。这样来看，失败是不可能的。我一定能从此次比赛中学到一些有价值的经验。我的身体正处于最佳状态；更重要的是，良好的心态给了我足够的信心。我很镇静，但也深知前路漫漫，会出现种种意想不到的事情。很快睡觉时间到了，我需要尽可能多睡一点。

与自我的对话
TURNING RIGHT

- 对你而言，最重要的 3 个价值观分别是什么？它们为什么如此重要？
- 在人生的方方面面，你是否都是依自己的价值观行事？

TURNING RIGHT

INSPIRE THE MAGIC

第 12 章

再次踏上未知的征途

走出困境的关键在于，认识到自己手中自始至终掌握着选择权。

第 12 章　再次踏上未知的征途

> 折返当然令人不快，即便是很短的距离也同样如此。但在冒险的旅途中，折返在所难免。
>
> ——欧内斯特·沙克尔顿

凌晨 3 点，我睁开眼睛。整个人瞬间清醒，心里满是期待。我进行了一段时间的冥想练习，吃了早餐，并花了很长时间把每一个脚趾都贴上胶布以防止起水泡。通过这种方式我测试了自己当前的耐心，之后，我闭上眼睛听着音乐，躺在床上静下心来专注于呼吸。终于，到了所有人都站在起跑线上的时刻，在拍照和拥抱之后，我们迈向了未知世界。

第一天，与"好胜小人"斗争

比赛总监将一罐啤酒倒进他的鞋子里，然后一饮而尽。"令人精神错乱的 200 英里西部赛"正式拉开帷幕。36 名参赛者从诺斯克利夫出发，冲进灌木丛。跑了几米之后，我们向左转迈上一条蜿蜒狭窄的森林小路。当我发现自己处在第二名的位置时，我想起了迪恩的建议："切勿被兴奋冲昏头脑。"于是我放慢速度，使自己降至中间位置。事后看来，这一决定相当明智。

当我们抵达第一片林中空地时，忽然后面有位女士大喊我们跑错了路。听到这话，我们一起跑的几个人都很困惑。然而 15 分钟之后，我发现我们几人又回到了先前所在的位置。

我们跑错了方向，不得不原路返回。这一段路算是白跑了，前面还有 350 公里需要完成。前面领先的参赛者又跑了 20 分钟才意识到自己跑错了路。肖恩不是没有给过我们警告，但我们没能从他的警告或"饭桶跑"的失误中吸取任何教训。显然，只有吃一堑，才能长一智。一开始我们向左，但我早该知道的，我们必须"右转"。如此远大的征程必须从"右转"开始。

当我再次出发时，我决定全身心沉浸在比赛之中，并将自己学到的一切应用起来。如果我能关闭理性大脑，跟随直觉，那么我就更有可能完成比赛。主办方已经在赛前简要会议中提醒过我们，需要注意避免过热脱水及被蛇咬伤等问题。稍有不慎，便会前功尽弃。于是我保持规律的饮水进食，经常以走代跑，偶尔换一次袜子预防水泡。我每隔一段时间就会重新涂一层防晒霜，同时尽量避免擦伤，因为擦伤会带来剧痛。我还特别注意脚下，尤其是在植被覆盖较厚的地方，避免踩到蛇。最重要的是，我还始终确保自己没有跑错路。

在大部分时间里，我都是独自一人跑，偶尔才会与其他参赛者同行一小段路。在比赛开始大约两个半小时的时候，一行 4 名参赛者快速从我身边超了过去，我感到有些不安。这 4 人正是之前领先的选手，其中包括坎迪丝和迪恩。虽然他们花了更长的时间才反应过来跑错了路，但他们依然赶超了我，很快就不见了踪影。

第12章　再次踏上未知的征途

我很快意识到当下的情境为何会令我不安。他们唤醒了我体内一心想要证明自己实力的"好胜小人"。随着4人的身影渐行渐远，我能感觉到自己心中的矛盾情绪。但我知道，我不必跟上他们的步伐。尽管我的确想要追赶他们，但我深知，现在尝甜头，后面铁定得吃苦头。筋疲力尽的身体只会使不安情绪变得更糟，从而扰乱人的心智。如果我现在选择满足好胜心，那只会让我早早耗完体力。

很快到了中午，太阳挂在万里无云的空中，炙烤着大地。即便在阴凉处，气温也超过了30℃。由于没有什么遮阳工具，我整个人都快被烤熟了。我的心率高到不正常，这让我想起自己在德国科堡比赛时的状态，那时的我同样因天气炎热，不得不放弃追赶排在前面的运动员。于是，我选择坚持过去那套行之有效的方法：保持耐心和克制。当下，最明智的选择是多走少跑。另外，我还需多补充一些水分。我记起在中国比赛时那位匈牙利女选手所说的话："向女性参赛者看齐。"

当再次抵达补给站时，我告诉后援队成员们，我有些担心自己的身体状态。穆林斯立即要求我在空调车里休息10分钟，并在我脖子上放了一个冰袋，把我的体温降下来。我还趁着休息时间将鞋子里的沙子倒空，然后吃了一顿加了盐的速溶土豆泥作为午餐。事实证明，那10分钟休息时间帮了我大忙。我的体温降了下来，心率也降了下来，再也没有升到之前那般高了。我轻轻松松就将跑步速度提了上去，不断超过其他参赛者。

午后灼热的阳光让我陷入恍惚，我的注意力开始无法集中。当我在一条满是白沙的小路上奔跑时，突然发现在我前面几步远的地方，有一条又大又肥、身长约两米的黑蛇。这条蛇大概是在享受日光浴，在我发现它之前，它显然先注意到了我，幸运的是，它受到的惊吓似乎并不比我少半分。只见它突然跳了起来，然后快速消失在灌木丛中。这是我在比布门山道上遇到的第一条蛇，我意识到自己应时刻保持警惕。虽然必带装备里有3条应对蛇咬伤的绷带，但我可不希望它们派上用场。

之前我们被告知，一旦气温降下来，我们遇到蛇的可能性就会大大降低，但我知道，即便在夜间，也必须小心蛇。果然大约在午夜时分，我突然发现在路中间有异物，便停下了脚步，在离脚只有几厘米的地方，有一条小蛇正在小路上穿行而过。小蛇这么晚还在外面溜达，它妈妈肯定很不高兴。它看起来像是一条杜吉特蛇，这种蛇属于澳大利亚棕蛇，有着极强的毒性，我看到蛇信子从它嘴里吐出来。它并未因受到我头灯的照射而有任何不安，依旧不紧不慢地移动着。虽然我对这个美丽的生物十分着迷，但我可不想眼下这"相安无事"的状态出现任何逆转。毕竟，我此行的目的也不是要研究致命的澳大利亚野生动物。我绕过了它，后来在那附近也没碰到它的任何亲戚。

我更喜欢在凉爽的夜间跑步。满月当空，我几乎都不需要头灯。没过多久，森林变得更加开阔，眼前出现了更多的沙丘，这意味着我离海岸线越来越近了。自太阳下山之后，我就没有见过其他参赛者。我处在第二名的位置，身后是坎迪丝。正如我所料，那些在白天高温状态下追求速度的参赛者现在正为先前的选择付出代价。只有迪恩还在我前面。从挡路的蜘蛛网的数量上来看，我离他肯定还很远，因为他自然也需要拨开那些挡在路中间的蜘蛛网。既然蜘蛛都有足够的时间重新结网，那么他定是早就已经跑过了我目前所在的位置。

虽然已经顺利完成第一天的比赛，但我的内心仍感到不安。我仍然过度关注自己的进展，而没能完全专注于当下，也没能充分利用直觉。内心的"功利小人"不仅依然清醒，甚至还在不眠不休地加班加点。

第12章 再次踏上未知的征途

第二天,"探险者小人"终于苏醒

日出之前,我抵达了第一个"睡眠站",一个叫沃波尔的汽车旅馆。该"睡眠站"是4个设有床铺的补给站之一,它为参赛者恢复体力提供了舒适的房间。此时,跑得快给我带来了一个额外的好处:我可以独享此处。迪恩连觉也没睡就走了。虽然我并没有感觉特别累,但依然决定睡上一觉。假设我是一名聪明的女性参赛者,也定会选择这么做。不管在睡觉的时候会有多少参赛者超过我,睡这一觉定会使我受益。我们还要跑200公里,毋庸置疑,花30分钟好好睡上一觉绝对是值得的。在吃了一碗很咸的日式拉面后,我试着清空头脑,努力入睡。然而,想从运动模式直接转入睡眠模式似乎是件根本不可能的事。躺下还不到15分钟,我就又开始跑了。虽然我没睡多久,但我预料到我在这场比赛中接下来的表现将很大程度上取决于这场小憩。事实证明,我预料得没错。

我的体能竟能坚持这么久,这令我惊讶不已,保持进度的念头让我精神振奋。此外,从沃波尔开始,选手们可以与配速员一起跑,因此我无须再孤军奋战。穆林斯和丽贝卡轮流陪我跑。每到一个赛段上的里程碑处,我们便共同庆祝一番。一路上的里程碑可不少:每个补给站、每小时整点、每个百公里标记处、半程标记处、200公里标记处等。其中特别有意义的里程碑有两个:其一是我足足跑了24小时的时候;其二是在那几小时之后的第212公里处。这两个对我而言都是全新的纪录,因为此前我既没跑过这么久,也没一次性跑过这么远。

第二天的午餐时分,我保持进度的劲头开始逐渐减弱,积极的心态也开始消失。第一天与"好胜小人"的斗争已经令我疲惫不堪;第二天的体力不支更是让我身陷困境。我已经足足跑了30小时,一种沉重的疲劳感正试图压垮我。我的眼皮比铅还重,整个人陷入想睡却又睡不着的困境之中。此时丽贝卡提醒我注意节奏，于是我用上了自己在"海岸到科修斯科峰"极限马拉松赛中为大卫配速时使用的方法。虽然这个方法的确有所帮助，但我不确定自己还能撑多久。

我拼命将所剩无几的意志力聚到一起以继续前进。我以为自己有足够的精神力量去冲破这些难关，但随着时间的流逝，即使我万般努力，我的决心也不再像之前那般坚定。我的意志力已耗尽。随着疲惫感越来越强，我坚持下去的决心反而使我越来越害怕失败。来自"功利小人"的命令起到了反作用，我很清楚，压力和肾上腺素无法使我抵达终点。

我就快支撑不住了，无数次与自己的对抗浪费了我的宝贵精力。哪怕一丁点的事与愿违，都开始令我觉得难以容忍，比如小径上杂草丛生或是赛道过于陡峭，这些都会使我不满。我甚至为未抵达预期中的补给站而大发脾气，冲着当时为我配速的丽贝卡抱怨道："这里不是该有个补给站吗？补给站在哪里！"似乎是在寄希望于她能帮我重新掌控住这个充满敌意的世界。

虽然对当前发生的一切心知肚明，但我依然无力改变自己的态度。我根本无法集中精力。自那以后，我的心情变得愈发糟糕。我们正处在整个赛程中最难跑的一段路。时间一小时一小时地过去，眼前依然是一个接着一个的沙丘，似乎怎么也跑不完。我意识到内心之声在诱导我去构想一个灾难性的结局，但我实在无力反抗，无力去保持乐观的态度了。

丽贝卡想出了一个绝妙的点子，我们决定立即付诸行动。我在小径上躺了下来，用背包当枕头，闭眼休息了 5 分钟。尽管无法入睡，但短暂的休息重新点燃了我的积极性，而丽贝卡的温柔照顾则让我获得了一种完全不同的能量。这个明智而有效的点子不仅使我有动力将比赛继续下去，也使我的体力得到恢复。每隔一段时间躺下休息几分钟，似乎还使我重新与周围环境建立起了联系。在此之前,我一直将自己置于比赛环境的对立面,而今终于能再次与大自然融为一体。

但太阳快要下山了,"瞌睡怪"很快就会从洞穴里爬出来,瞅准机会将我打倒。到那时这方法还能奏效吗?

我晚饭吃了些薯条。在穆林斯的陪跑下,我保持着良好的进度,并希望自己能保持住当下积极的精神状态。然而当我们抵达下一段布满沙丘的路段时,我的心情又发生了变化。沙子不仅钻进了我的鞋子,似乎还钻进了我的脑袋。这些细小的沙粒犹如渗透进大脑组织,引起功能紊乱,给我带来了挫败感。第二晚没有月光,漆黑一片,我整个人都被黑暗吞噬了。穆林斯和我跑得越来越慢,但我们的速度更多地反映的是地形的复杂程度,而非我的表现水平。出人意料地,我离迪恩越来越近,甚至看到了他的头灯在远处发出的亮光。这无疑令我大为振奋,我开始唱起歌,不断为自己鼓劲、打气。

很快,我的热情又消失殆尽。在我们追上迪恩之前,我需要再次躺下休息。5分钟后,我突然开始像发了高烧一样颤抖起来。我很冷,身体也好像无法正常运转了。眼前的挑战不再是追上迪恩,而是坚持不让自己倒下,无论如何都要跑完剩下的120公里赛程。

穆林斯将我扶了起来,我们继续开始跑。我迫切想让身体暖起来,但我的视线很快变得模糊,甚至无法看清眼前的穆林斯。我能看见他的小腿护板是绿色的,却分辨不出形状。如果整个身体都要罢工,那么我又怎能将比赛继续下去?我将当下的身体状况详细地告诉了穆林斯。他决定,待我们跑至下一个补给站后,无论我能否入睡,都必须在车上休息1小时。以这种状态继续下去是毫无意义的,虽然我们距离下一个补给站只有8公里,可这段路却似乎怎么也跑不完。我们足足花了大约3小时才抵达。

当我们到达帕里海滩补给站时，我都快没了人形。我的恐怖模样令丽贝卡大为震惊。她赶紧为我准备了些食物，好让我由内向外地暖和起来。我坐进车子的副驾驶座，将自己严严实实地裹了起来。当丽贝卡关上车门时，我感觉她像是关上了我的棺材盖。

我不再担心会被其他选手追上。比赛的本质发生了变化，其他人的表现已经不再重要。如今比赛变成了一场我与自己的战斗，只关乎我能否坚持梦想，能否活着撑到终点。我的双腿很痛，间歇性的疼痛不断穿过膝盖，让我无法入眠。

我回想起大卫在"海岸到科修斯科峰"极限马拉松赛中的表现。他也曾遇到过类似的情况，但他在 8 分钟的小睡之后奇迹般地复活了。此外，我在克赖斯特彻奇的比赛经历也表明，每个下一秒都有可能令我重焕生机。那么，究竟是什么阻碍了我？

像是只过了几分钟一般，车门就被人打开了。刺眼的光线突然涌入车内，几乎令我无法睁开眼睛。丽贝卡的头灯照着我的脸，她小心翼翼地检查着我的状态。约定的休息时间已经结束，我该起身了。历经 46 小时的失眠后，我终于睡了一觉。

这感觉太棒了。醒过来的那一刹那，我就知道自己已经重生在另一个世界之中，整个人精神焕发。我没有说"让我再休息 5 分钟好吗"这样的话，我的双腿也没有抱怨它们已经连续跑了两天两夜。丽贝卡定是受我感染，她同样兴致高涨地冲我宣布：偷懒时间结束，该上路了。她抓起背包，准备和我一起跑接下来的一段赛程，这样穆林斯就可以休息一下。比赛继续，我们有进度要赶了。

第 12 章　再次踏上未知的征途

在接下来的 7 公里中，我们将沿着威廉湾的海滩前行。正值落潮，我们深一脚浅一脚地在潮湿的沙滩上步行，脚下的沙滩时而坚硬，时而松软。没有必要浪费宝贵精力去尝试跑完这段赛程。漆黑的夜里，当我们在沙滩上行走时，我细想了一下刚刚发生的事情。整件事可不单单是"我终于睡着了"这么简单。醒过来时，我像是换了一个人。

这种感觉很神奇，我清楚地看到刚刚发生的一切：我已经放下了自我。"功利小人"在车里睡着了，醒来的是"探险者小人"。对失败的恐惧消失不见了，取而代之的是对挑战自身极限的兴奋。我不再以成功为目的。以巴雷特的七层意识来解释此次旅程再合适不过了。比赛头两天，一心想要成功的自我意识掌控全局，并且将整场比赛变成一场硬仗，这导致我筋疲力尽、充满挫败感。我没有随机应变，导致期望与现实之间脱节。这样一来，陷入困境是迟早的事。

走出困境的关键在于认识到自己手中自始至终掌握着选择权。我可以选择拓宽意识层次，放下想要控制一切的冲动。现在无须细想，我便知道我已经放下了，不再想要掌控一切，而是开始顺应环境、随机应变。通过放手，我征服了自己的内心。我不再依赖来自未来的承诺，而是审视当下的现实。我感到自己与整个世界融为一体，内心一片安详宁静。我再也不用战斗了。我因无法放下而失眠，又因放下而不再失眠。我曾以为自己的状态是问题所在，这种想法使我陷入困境，直到我意识到自己是受看问题的视角所困。只有放下一切，我才能发现内心的力量源泉。

由于"探险者小人"既有趣又能与自然融为一体，因此内在"魔力"再度出现。我开始接受顺其自然。从比赛开始到现在，我第一次开始接纳不确定性，以顺其自然的态度应对一切未知。解救之道在于内心，而不在外界。一直以来，我都找错了方向。如果从一开始就放下控制欲，我将能节约多少精力？如果放下控制欲是跑超级马拉松赛的完美方式，那么将这种态度应用到生活中，那会如何？如果我能帮其他人掌握这种心态，又会如何？

为了将良好的势头保持下去，我们在接下来的补给站里并没有休息多久。该补给站的负责人是一对夫妇。他们当时在睡觉，将他们喊醒，我们感到很抱歉。当天还是他们的结婚纪念日，他们选择以支持一群疯狂参赛者的方式来庆祝这一天。我开始意识到，并非只有我的后援队成员们跟我一样缺觉。从比赛开始到现在，不管以哪种方式参与此次赛事的人，全都处于睡眠不足的状态，所有人都在挑战自身的极限。

我们在补给站待了几分钟，丽贝卡重整了她的装备，我拿了一个幸运饼干。我想着，写在纸条上的智慧箴言或许能对我如何面对剩下的 105 公里有所启示。然而，纸条上的话简直与我想要的启示差了十万八千里："不要与一个你能与之共同生活的人结婚，而应与一个你根本离不开的人结婚。"丽贝卡读完之后，满眼期待地看着我，随后放声大笑起来。暂时还不是讨论这一话题的时候。

第三天，天人合一

在那晚剩下的时间里，我们一直保持着良好的节奏。虽然我仍然排在第二位，但坎迪丝与我的距离正在缩小，而我与迪恩的距离正在拉大。我不可能追得上他，除非他因缺乏睡眠无力继续。在一场 350 公里的比赛中，任何事情都可能发生，尤其是在比赛的最后几小时中。我内心很平静，保持敏锐的注意力。我处于 100% 的心流状态，像观看慢动作电影那般，同时关注内心和外界的一切。我避开每一张蜘蛛网，倾听树林里的声音，感觉身体似乎在沙路上滑行。

第 12 章　再次踏上未知的征途

天亮之后不久，我们便登上了猴石峰。这是所剩不多的我们还需攀登的高峰之一。虽然主办方告诉我们，从峰顶至山下的丹麦镇的路很适合跑步，但我们发现这条下山的小径布满巨石，小径绵延像是永无尽头。我冲丽贝卡抱怨道："我们本该跑步的，现在倒成了攀岩。"当跌跌撞撞地穿过这段赛道标记极为不明显的赛段之后，我们突然意识到自己迷路了。丽贝卡受我影响，也开始有了一些消极情绪。我们差点陷入忘记此行初衷的危险境地。我打气道："别慌，我们只需重新集中精力，注意节奏。"我们没有继续在灌木丛中钻来钻去，而是选择原路返回，直到我们再度看到赛道标记。总而言之，我们跑错路的过程大概只持续了 10 分钟。事后我们了解到，许多其他参赛者就没有这般幸运了，有些人在这段路上甚至因迷路而多跑了 4 小时。

第三天出乎意料地热，比第一天还要热。穆林斯认为，我们最好不要在当天最炎热的时段跑步。于是，我们以走代跑。每隔几个补给站，我还会小睡 10 分钟。我整个人心态非常放松，海边沙丘连绵起伏，悬崖边的迷人风景令人心旷神怡。睡眠也不再是个问题，我几乎一坐下就能睡着，让我可以不断利用短暂的休息时间来恢复体力。我希望能在整个夜间保持最佳状态，好在日出之前完成比赛。

下午晚些时候是蛇出没的高峰时段，我们必须格外小心，因为被蛇咬伤会使我们功亏一篑。到目前为止，我们既没有踩到蛇，也没有被咬伤。当我们沿着一条蜿蜒狭长的小径穿过低矮的灌木丛时，我突然发现地上有一根 20 厘米左右的"木棍"，于是我立马停下了脚步，我身后的丽贝卡也随即停了下来。这根"木棍"看起来与其他木棍略有不同，我有点担心它是条蛇。于是，丽贝卡找来一根长树枝戳了戳，发现那的确是条蛇。但幸运的是，它已经死了。丽贝卡试图将蛇的尸体从路中间拨到旁边去，以免后面的参赛者踩到。正在此时，这条"死蛇"突然复活了。它立起身子，愤怒地向我们发出嘶嘶声。

长跑启示录　Turning Right

我们俩瞬间倒退了好几步，没人想被蛇咬。几星期前，穆林斯的妻子在一次训练中不小心踩到了一条蛇。幸运的是，那蛇只是"干咬"一口，没有释放毒液。而当下我们敢保证，如果眼前这条蛇咬伤我们的话，我们可不会有那么幸运了。它或许因午觉被吵醒而愤怒不已，或许因不知道面前这两位疯狂的参赛者会对它做出什么举动而担心。这条蛇的态度再清楚不过了：它将为它的生命而战。除非蛇离开这条小径，否则我们无法继续前行。可它不停地发出嘶嘶声，没有一点要妥协离开的意思。为了避免对峙升级，我们再往后退了几步。这条蛇也选择了退后，并最终消失在灌木丛中。

我们如释重负，继续前行。令人惊讶的是，即便我们在过去的 3 天里总共只睡了不到 2 小时，我们依然足够警觉，成功分辨出一根不同于其他木棍的"蛇棍"。自那以后，所有木棍看起来都像蛇了，但幸好，此后我们没有再遇到蛇。

在后续的赛程中，我觉得自己不需要睡觉，因此几乎没有在任何补给站做过多停留。当我们开始第三晚的夜跑时，收到了迪恩以 61 个多小时的成绩赢得了比赛的消息。多么卓越的冠军！多么卓越的成就！他在没有睡整觉的情况下完成了这场终生难忘的比赛。受迪恩鼓舞，我们加快了速度。以不到 70 小时的成绩完成比赛，似乎也并非不可能。我终于能感受到终点线就在前方了。

黑夜降临，我与自然融为一体，我突然在树枝上发现了一只猫头鹰。它似乎在好奇地观察我们究竟在做什么。我此前从未在野外见过猫头鹰；很有可能，这只猫头鹰此前在晚上这个时间也从未见过任何参赛者。我几乎都要期待它能向我们分享几句醒世箴言了。然而下一秒，它张开翅膀，消失在了黑暗之中，只剩穆林斯和我继续在宁静的黑夜里沉默地奔跑。

第 12 章 再次踏上未知的征途

突然间，我想到一个主意。我向穆林斯询问道，当我们比赛完回家后，他是否可以将马丁·弗莱尔（Martin Fryer）介绍给我。虽然我从未见过马丁，但听说他是一位了不起的长跑教练。我的直觉告诉我，马丁能使我的跑步技能提升至一个新的水平。如果我想更加认真地对待长跑比赛，那么他对我的指导会使我受益匪浅。穆林斯再次证明了他是一个多么了不起、多么无私的导师。他并未将我的请求视为对他的否定，相反，他不仅认为这个主意棒极了，还认为我一定能和马丁一拍即合。

随后我告诉穆林斯，如果我们再加快速度，那么我们将能在 69 小时内完成比赛。我感到自己充满力量，还能在最后的 3 小时里再跑快些。我在心流之中向前飞奔，坚信自己一定能将这一速度坚持到比赛结束。为了证明我的雄心壮志，我不再与穆林斯保持几步之遥，而是开始与他并肩前行。我们俩都没有再发一言。我耳中只剩我们的脚步声和海浪拍打脚下悬崖的声音，还有我们正在穿越的风电场中风轮叶片不停转动时所发出单调的声响。过了一会儿，我跑得更快了。我超过穆林斯，带着他一起跑到他需陪伴我的最后一个补给站，随后丽贝卡将陪我跑至终点。

我怀着强烈的使命感。每跑到一个补给站，我都只停留片刻，并因没空跟补给站的后勤人员聊天而向他们道歉。甚至连丽贝卡都快要赶不上我了。我在黑夜中狂奔，与大自然合而为一。眼前不断冒出一张又一张的蜘蛛网，我们都一一躲开了。蜘蛛想要逮的是昆虫，而不是我们。这种体验比我以前拥有过的任何体验都要深刻，我从未感受过自己与自然有如此紧密的联系。我们快速穿过小径，犹如与之化作一体。虽然正处在睡眠极度不足的状态，但我感到自己的生命从未如此鲜活，这着实令人惊讶。毋庸置疑，此番体验有着某种"魔力"，甚至带来了精神层面的升华。

我开玩笑说，如果能赶在日出之前完成比赛，我们还可以参加奥尔巴尼的星期六公园跑，再跑上个 5 公里。每个周末澳大利亚多个地方都会举行由社区组织的 5 公里公园跑，吸引了成千上万的参赛者。丽贝卡感觉到我的话带着半认真半开玩笑的意味，于是提出了一个更可行的方案："现在离终点线大约还有 5 公里，我们不妨假装现在就开始公园跑。这样一来，当我们抵达终点时，我们可以假装已经完成了公园跑。"随后我们得知排在第 3 名的坎迪丝正以非常快的速度追赶我，但幸运的是她离我太远了，对我构不成威胁。尽管如此，我们还是越跑越快，以此来庆祝我们此番共同取得的成就。

最后几公里的赛道不再是野外小径，而变成一段自行车道。我们在自行车道上几乎以冲刺的速度跑至写着"首届'令人精神错乱的 200 英里西部赛'"的终点拱门。我以 68 小时 52 分的成绩完成了比赛，荣获第 2 名。

这一成绩是我无论如何也无法凭一人之力做到的。肖恩伸开双臂抱住了我，紧接着丽贝卡和穆林斯也与我们抱在了一起。丽贝卡陪我跑了 90 公里，穆林斯陪我跑了 110 公里，这对他们各自而言也都是了不起的成就。但他们也没想抱我太久。毕竟自打比赛第一天起，他们就不断提醒我，我身上实在太臭了，早该洗澡了。穆林斯问我感觉如何。令我惊讶的是，我并未感到自己有多累。如果比赛尚未结束，我还能继续跑下去。我的内心升腾起一股轻盈感，它来自我与广袤无垠的自然产生的联系。

第四、第五天，解锁不可思议的自己

当我踏进车子的那一刹那，体内的能量突然消失了，酸痛感向我袭来。我的双腿毫不含糊地表明，别再指望它们能继续配合了。幸运的是，接下来几天住宿的酒店离我们只有 15 分钟的车程。当我准备下车时，背部突然痉挛，全身肌肉突然无力。我已跑了几百公里，现在如果没人搀扶的话却连

第12章 再次踏上未知的征途

3米都走不了。身体似乎停止运转,我开始止不住地颤抖起来。在丽贝卡的帮助下,我走到淋浴间打开了淋浴花洒。借助温暖舒适的水流,我很快就缓了过来。

在见识了身心合一的状态后,我十分震撼。当我们抵达终点线时,我的身体虽已抵达极限状态,还可以继续下去,是因为我的内心在抵达终点时仍然坚韧。当我处在平静、专注的精神状态时,我能完成不可思议的任务。这种感觉值得铭记于心,这样我便能在未来再次进入那种状态。现在我的内心告诉我,它的任务圆满完成。当内心失去目标时,身体随之罢工。失去方向,身体便会陷入困境,犹如断了线的木偶。

早上5点左右吃了一顿便餐后,我便躺在柔软的床上睡着了。没睡多久,我就满身大汗地醒了过来。我在参加完大型赛事之后总会如此,这次睡眠还不足3小时。换上干衣服后,我悄悄溜出了房间。贾妮娜发来消息向我表示祝贺,并再次提起乘直升机俯瞰赛道的邀请。虽然水泡让我行动不甚方便,但没有什么能够阻止我接受她的邀请。一位多年未见的朋友竟能如此慷慨,令我受宠若惊。此次邀请无疑是这个非凡之周的点睛之笔。万里无云的清爽早晨,预示着我们将欣赏到绝美的风景。

贾妮娜甚至开车来接我,并将我送到丹麦克机场,她的丈夫韦恩已在机场等候。随后我得知,这对夫妇花了6年的时间,亲手打造了这架蓝色的双座直升机。在我还没来得及思考这架直升机到底是否安全之前,我们就已经置身于云霄之中。韦恩是一位经验丰富的飞行员,他带着我顺利穿过了几股气流,向我展示了沃波尔和奥尔巴尼之间的350公里赛道,我终于直观地认识到了我到底跑了多远。整个飞行过程中,我都在不停拍照,记录着眼前茂盛的植被、沙丘和蓝色的海滩。此时此刻,我才逐渐认识到这趟冒险之旅有多疯狂。看!我们已在世界之巅。

长跑启示录　Turning Right

随后韦恩指出位于我们身下的帕里海滩，那正是我跑了 2 天之后终于摆脱失眠的地方。当我从云端往下看时，帕里海滩并没有什么特别之处，但它却是我在整场比赛中的转折点。那时我终于接受了我无法改变自己处境的事实，因此我只能彻底改变自己。坚强的意志力无法助我分毫，于是我选择了不再对抗，而是相信自己能有效地应对状态不佳的境况。来自后援队成员们的温柔支持，以及我对自己的体谅，远比坚忍的意志力更为强大。拥有掌控权只是一种幻觉，我已体验到了信任所能带来的奇迹。我卸下千斤重担，感受到了无尽的自由。"放下"解锁了"魔力"。在此后的赛程之中，我不再强迫自己、被这种反应模式束缚，转而进入了一个有着无穷神秘力量的巨大精神空间。

韦恩打断了我的思绪。他向我指出这片区域最美的海滩——雪莱海滩所在的位置，并建议我不妨晚些时候与同伴们一起去那里享受在海洋中畅游的乐趣。此后没过多久，丹麦克机场的起降跑道就出现在我们面前。当我们安全着陆时，我才惊觉此趟近 1 小时的飞行之旅这么快就过去了。

周末剩下的时间过得似乎极其缓慢。穆林斯、丽贝卡和我都因太过疲劳而行动缓慢，即便是简单的日常活动也需耗费比平时更久的时间。我们听从了韦恩的建议，在日落之前来到雪莱海滩。我们希望以此来给那些仍旧在赛道上奋战的疲惫选手们加油打气。此时是他们进入比赛的第 4 个晚上，他们的决心令我感到敬畏。所有人都坚信他们一定能到达终点线。一名观赛者曾指出不同级别参赛者的关键区别所在："顶级参赛者会按部就班地完成一切必须完成的事项，而普通参赛者则常常会忘记补充水分和能量，忘记处理水泡，等等，待他们记起来时，往往为时已晚。"在如此漫长的比赛中，最重要的莫过于时刻保持勤勉。我们将为这些鼓舞人心的战士带去好消息：从此往后，赛道地形将变得更加友好。

第12章 再次踏上未知的征途

毋庸置疑，我已再次实现"右转"。我迈上了一条曾令我心怀畏惧的道路，并由此改变了对世界的看法。经过"令人精神错乱的200英里西部赛"的历练，我对"右转"的含义有了更深更广的理解。只有放下控制且接受当下，才能冲破理智与情感的局限。通过学会拓宽意识的所有层次，我得以鼓起勇气、克服恐惧，我的"高我"也得以代替"自我"。

数十年的跑步生涯教会我的最重要的事并不是如何赢得比赛，而是如何使生命变得更有意义。"右转"带来的启示在于：不要再去追寻那些让我无法自拔的需求，而是去追寻那些能够带给我满足的渴望。这些年来，"成功跑者"的旧身份愈发变得索然无味，而几年的超级马拉松赛经历也让我逐渐放弃了对这一身份的认同。这正是"破茧成蝶"的真正意义：不再将时间浪费在研究如何跑得更快上，而是跟从内心的召唤，去学习如何"飞翔"。拓宽视角便是"魔力"产生的源泉。在任何时候，我们都能用不同层次的意识去思考问题。它源自内心，而非外界。

第二天下午，我们集体庆祝了这难以置信的一个星期。此次比赛的成绩并不重要，重要的是我们完成了看似不可能完成的壮举。从星期三早上到星期日下午的这段时光，对我们大多数人而言都有非凡的意义。看着一张张疲惫而又满足的脸庞，听着一个个令人难以置信的故事，我知道我们都曾与内心的恶魔交战。我们每个人都发现了某种非凡的内心力量，一种超乎我们想象的力量。经历此番挑战，我们获得成长。并且这种成长远非普通的、缓慢的或渐进式的。

这是一种罕见的飞跃式成长，那些我与之交谈过的选手都证实了这一点。我们已经确定，之所以能够实现目标，是因为我们冲破了内心的局限。这次艰难的挑战让我们意识到，在摆脱生活中的限制性因素后，能完成哪些壮举。

每位完成比赛的选手都获得了"参与奖"：一只刻有名字的人字拖。想要获得与之配对的另一只人字拖，我们还得回来再跑一次。当然，还有无数更简单的方法去获得一双拖鞋，但那些方法也能给人带来如此巨大的满足感吗？每个人都是赢家，因此赛事主办方决定不给前三名选手颁发额外奖杯。对于所有参加此项赛事的疯狂参赛者而言，我们的成就不在终点线上，而在于有勇气站在起跑线上。

是时候该启程回家了，也是时候该将"右转"应用到工作环境中了。刚开始时，弗里曼和我只希望能让我实现从优秀到卓越的提升。目前来看，我们做到的远不止如此。在过去几年里，我认识到：习得新技能会使人更加优秀；学会在压力下保持稳定表现，能让人变得卓越；努力改变自身，则能让我们挖掘出内心的"魔力"。这段旅程揭示出，许多我们曾经认定的真理不过只是幻想。观照内心，我挖掘出自己想都不敢想的潜力。其中关键便在于鼓起走出舒适区的勇气，然后"右转"。

接下来，我需要将弗里曼在我身上点燃的"魔力"传递下去。那么我该如何传递"魔力"呢？我当然不能要求每个人都通过跑数百公里的方式来获得"魔力"。从本质上来说，工作中的挑战与跑步比赛中的挑战并没有什么不同。"魔力"存在于当下，能否获得"魔力"取决于我们是否拥有选择合适视角的能力。

我想激发他人的"魔力"，并帮助他人拓宽意识层次。弗里曼不是唯一一位问我应如何将"魔力"带给他人的人。当我与公司的 CEO 分享我对"右转"的看法时，他同样问过我："我能理解这一点。但关键是你如何将其应用到工作环境中呢？"

第 12 章　再次踏上未知的征途

与自我的对话
TURNING RIGHT

- "自我"什么时候会让你陷入最艰难的困境？
- 在哪些情况下，你的最重要的价值观受到了挑战？
- 这些挑战给你带来什么感觉，使你产生了何种想法和情绪？
- 你在试图满足哪些方面的需求？
- 通过与大自然产生联结，你发现了哪些潜力和"魔力"？

TURNING RIGHT

INSPIRE THE MAGIC

第三部分

完赛,释放内在力量

我们不应停止探索；我们所有的探索都将回到起点，而我们也将对起点有一个全新的认识。

——T. S. 艾略特
（T. S. Eliot）

TURNING RIGHT

INSPIRE THE MAGIC

第13章

在失败的深渊找到成长的种子

仅凭心理韧性或者坚强的意志力，我们无法抵达终点。我们需要放下自我，依靠直觉来应对困境。

第 13 章　在失败的深渊找到成长的种子

> 高层领导者往往十分注重自己的信誉，不想丢脸……然而变化是可怕的。如果失去现在的身份，那我又将是谁？
>
> ——罗伯特·安德森和威廉·亚当斯

双脚湿透的我已失去对沙滩的感知。夜色逐渐褪去，我能尝到嘴唇上海水的咸味。在与整个世界和谐共处的状态中，我再次滑行起来。我并非刻意奔跑，只是尽情享受天人合一的感觉。"令人精神错乱的 200 英里西部赛"已经结束几个星期，为了使身体得到充分恢复，我这几个星期都没有进行高强度的跑步训练，只在清晨沿着家附近的海滩跑一小段路，希望通过这种不在坚硬的城市路面上跑步的方式，让内心与大自然建立联结。

我喜欢望着火红的太阳从悉尼港入口那里遥远的海平线上缓缓升起。这个早上，我再次欣赏到壮观的日出美景。但天气预报预测，今早过后，天气状况可不会那么令人愉快了。不一会儿，起风了，海浪拍打着沙滩，海水溅到我的脸上。风暴降临。

长跑启示录　Turning Right

谁是真正需要改变的人

工作中的好日子似乎也到头了。虽然过去的两年里我们在变革企业文化和打造高效团队上取得的成就令我无比骄傲，但最近整体态势却发生了新的变化。不仅我自己的职业发展速度变缓，团队的士气也日渐低迷。纵然我已使出浑身解数，也无法阻止这种螺旋式下降趋势。

团队的境况每天都在提醒我：自己体验到"魔力"与将"魔力"传递给他人完全是两回事。在整个职业生涯中，我一直以支持团队成员的个人成长和营造回报丰厚的高绩效工作氛围而自豪。即便是在之前非常不友好的企业文化环境中，我的团队也能保持良好的状态。他们能积极地激发内心的动力，即便无法获得外界认可，还依然坚持做好工作。当我离开上一家公司时，我给公司留下了一支强大的团队。

如今这家悉尼的公司，团队中的成员已经各自形成了派系。他们完全不信任彼此，时不时上演一番夸张的闹剧，常常你哭我嚎地争抢资源，这一幕幕场景不禁让我怀疑自己究竟是在游乐场还是职场。越来越多的成员请病假，我们团队的敬业度评分从最高降至最低。所有解决问题的尝试尽数失败，这种感觉就像我们尚未找到病因，却疯狂地想要解决其症状。

令我加倍沮丧的是，我的理性大脑无法分析出我究竟错在哪里。上司甚至问我："如果他们根本不想成为'企业运动员'呢？"

我不能指责他人，我很清楚自己本身也是问题的一部分。在所有工作职责中，企业文化是我最热衷的一部分，而如今企业文化在我的领导下不断恶化，这令我无地自容。

第13章 在失败的深渊找到成长的种子

一天早上，我召集团队中所有管理人员开会，会议持续了几小时。我的目的是想以轻松有趣的方式使每个人都主动发挥作用，从而获得一些深刻的领悟。

我拿来一个小的空牛奶盒，要求团队成员们尽可能使它停留在空中不落地。所有人都只能用手轻轻向上拍打，把牛奶盒送到下一个人手中。我曾在高级管理团队中开展过类似的活动，在牛奶盒落到地上之前创下了大约80次拍击的纪录。那次活动中，大约在尝试5次之后，那些高级管理层便清楚自己该如何高效地与他人合作才能保持牛奶盒不落地。

但如今，我的团队在尝试十几次后也没能获得超过10次拍击的成绩。我还发现两个十分明显的现象：其一，团队成员之间没有交流，也没有人愿意带头，当牛奶盒朝他们飞来时，大多数人脸上都写满了恐惧，没有人想成为那个将事情搞砸的人；其二，每轮游戏之间的休息时间的状况更令人沮丧，尽管这是一支由一群非常聪明的人组成的团队，但他们似乎无法放下个人的挫败感，也无法从上一轮的失败中吸取经验。相反，每个人都望向我，迫切希望我能提供答案，或者最好赶紧散会，好让他们从痛苦中解脱出来。

虽然游戏还在继续，但我很快认识到，我们不可能获得任何喜人的成绩，很可能我是那天早上唯一收获了一些领悟的人。毋庸置疑，我的团队是以避免失败为动力的。但更令人沮丧的是，我意识到，作为他们的领导，我并不具备激发他们"魔力"的能力。

整间会议室的空气沉闷又充满负能量，我需要呼吸一下新鲜空气。一些团队成员的情况几近糟糕，这一切令人窒息。于是，我选择了离场。但我感觉到，真正引起我不适的原因并不在他们，而在我自身。如果我连如何管理一支不善协作的团队都不知道，那我又如何才能成为一名出色的培训师呢？

长跑启示录　Turning Right

我开始质疑自己作为领导者的身份，我是否与上一份工作中那些丝毫不懂如何激励员工的高管们并没有什么不同？

我已经找莉萨报名了相关的转型课程，但愿这能弥补不足。如果能将所学应用于实践，并将这支看似毫无希望的团队打造成一支充满"魔力"的高效团队，这无疑将成为一个完美的案例。内心一个恼人的声音告诉我：未来我能否在工作中实现"右转"，就取决于我在此次课程中的学习情况。

我突然发现自己没有意识到现在面对的正是一次适应性挑战。与克赖斯特彻奇那场比赛类似，我再次误将工作中的问题视作技术上的挑战。我错在希望团队成员能有所改变，但解决方案既不在于改变他们的性格，也不在于使他们掌握缺乏的技能，而在于心态的转变。而转变心态需要从我开始。我认识到整个情境有多么讽刺：在上一份工作中，我一直期望管理者能够在心态上有所转变，而当下需要转变的人正是我自己。

直觉告诉我，我抓住了某种关键因素，但我还没有彻底理解清楚这究竟意味着什么。

令我百思不得其解的是：我的转变如何能使团队成员们在拍击牛奶盒的游戏中取得更好成绩？他们糟糕的领导力又怎么可能与我有关？我甚至进一步反省，自己为什么会是问题所在。那几年，我通过跑步取得了长足的进步，但依然未能找到将这些见解应用到工作环境中的方法。当我穿着泥泞的跑鞋时，我知道如何为黑暗带来光明，但当我穿上锃亮的皮鞋，我似乎无法激发出同样的"魔力"。这或许是一次在工作环境中彻底提升内心力量的契机，正如克赖斯特彻奇的经历使我将跑步能力提升至新的水平那样。

几天后，我想起在麦肯锡担任顾问的那段岁月中，商业培训师沃尔特·波拉克（Walter Pollack）曾一针见血地指出过我的问题："凯，你的问题在于你的大脑和内心互不沟通。每当你步入工作环境，你就会立马切断两者之间的联结。"纵然沃尔特指出我的问题已经是10多年前的事了，但我依然丝毫未变：清醒理智、有条不紊并且严格律己。每当我以为自己已经打败了过去的恶魔时，它们总会换上新的斗篷再次现身。一遍又一遍，没完没了似的。在跑步领域，弗里曼已帮我摆脱了控制欲；在工作领域，我显然还有很长一段路要走。

再次挑战"国家队"资格

工作中的转型任务跃居到首要位置，跑步不得不屈居次要位置，但它仍是我尝试突破的重要途径，获得乐趣的重要源泉。在生活中没有其他事能让我如此充满活力，感觉如此充实。只有在跑步时，我才能与那些使我的存在更有意义的事物产生联系。在等待身体恢复的几个星期里，我几乎没有做运动，这使得工作中的挑战变得更加难以应对。我期待自己能再次跑起来，我的双腿已经迫不及待，我的内心也等不及想要体验更多"魔力"。我想起在上次"令人精神错乱的200英里西部赛"的最后几小时中，我突然想要与马丁·弗莱尔取得联系。是时候行动起来了。希望他能如我所愿，成为我获得灵感和动力的源泉。

马丁和我一拍即合，我们在电话里针对超级马拉松赛做了一次长谈。事实证明，我们的见解不谋而合，我们都认为跑好超级马拉松赛的关键不在于身体素质。虽然针对体能的跑步训练的确很重要，但这也不过是比赛的最基本要求而已。最关键的因素依然在于内心，当我们的内心能够与广袤无垠的自然产生联系时，"魔力"就会出现。想要成为一名出色的运动员，就必须锻炼心理承受能力，马丁将这种意识能力称为"精神自我"。该词并不带有任何宗教意味，意在表达生命不只是一具肉身，还包括思想和情感。否则，我将如何解释自己对追寻人生意义和对归属的渴望？出乎意料的是，尽管我已经使用了"高我"一词，但仍对使用"精神自我"一词有些犹豫。当然，这并不是因为我不认同该词，而是因为我的"理性小人"难以接受它无法理解的维度。

通话进行到一半时，马丁将话题转向我此后的打算。我告诉他虽然我当下工作非常忙，但仍想再跑一次 24 小时耐力赛，我确信在他的指导下，我可以提高之前的 212 公里的成绩。当时的我还不知道，马丁正是 24 小时耐力赛的澳大利亚国家队教练。他已对我了解甚多，并给出了令我相当震惊的评估和预测，他说根据我在 200 英里西部赛的表现，我会取得 24 小时超马世锦赛的参赛资格。他的话再次验证了穆林斯的说法：澳大利亚国家队是一支非常出色的队伍。几年前，他们获得了团体银牌，并有 5 名选手获得 A 级资格。这意味着，想要被国家队选中，我同样需要获得 A 级资格。我不得不将马丁所说的话好好消化一番——他坚信我一定能在 24 小时之内跑完 240 公里并入选澳大利亚国家队。"不成问题。"他语气坚定地补充道。

这意味着，我需要将此前在德国科堡的比赛成绩提高 13%。这也太疯狂了，我根本不可能做到。我立刻回想起自己在克赖斯特彻奇的可怕经历，那时我努力想要获得澳大利亚国家队入选资格，却失败了。那时我一心想要获得参加 100 公里世锦赛的资格，可最终却比 C 级资格还慢了 40 分钟。现在马丁却想让我跑出 A 级资格的成绩。毋庸置疑，这肯定超出了我的能力范围。

以一个纯粹的目标结果作为衡量成功的标准，对我而言从来都不是一种理想的方式，因此马丁的热情并没有感染到我。我联系他的目的在于寻找更多自我提升的机会，精进我的跑步能力，而不是让我再次放弃个人成长去追

第13章 在失败的深渊找到成长的种子

逐荣耀。再说了，我现在手头有一大堆事，无论如何都不是一个理想的时机。我将这些理由一一向马丁做了说明。他看错人了，我根本不是什么值得期待的世锦赛候选人。我不会再去选择面对短期目标所带来的压力。我的自我还不够成熟，无法应对这种压力。

拒绝他的提议无疑表明我并不具备最高水平运动员所需的心理韧性，至少我认为如此，因此我希望马丁能放弃这一想法。然而马丁接下来的话再次令我震惊。马丁说他非常理解我，并指出，我们与内心恶魔之间的战斗是成长旅途中不可或缺的一部分，他自己也经常体验到，放下自我是多么困难。随后他又不经意地提起，在一次长达10天的比赛中，他直至第三天才脱离自我的控制。那一天，他终于跨过纯粹意识的门槛。自那以后，一切便水到渠成。在接下来几天的比赛中，他仅凭直觉便知道应如何应对困境。

马丁补充说，想要实现飞跃式成长，我们就必须学会放下预期。这番言论对我再熟悉不过了。"令人精神错乱的200英里西部赛"使我认识到，仅凭心理韧性或者坚强的意志力，我们无法抵达终点。我们需要放下自我，顺应环境。只要相信自己，就能依靠直觉来应对面临的困境。

我简直不敢相信自己的耳朵。我有生以来第一次遇到一位能够将我追求的"魔力"表达得如此清楚的参赛者。我总认为自己是一个探索者，看来马丁也同样如此。我们前进的动力，源自在奇妙冒险中体验到的喜悦。我们迈上的是一条寻求自我实现的路。

马丁又告诉我，对我们这类人而言，保持理智既是我们获得成功的原因，也是我们受到限制的原因。我们拥有成功所需的自律，同时被控制欲和自我保护欲限制。我们需要停止过度思考，让事情顺其自然地发生，这对以追求成功为导向的人来说并非易事。因此，只有规模足够大、时间足够长的重要挑战才能使我们放下自我。他还笑称，如果我有什么更简单的方法，他绝对愿意洗耳恭听。我一时间有些失语，因为他一语道破了我在成为培训师之路上的心态，我一直在寻找一种更具实用性的方法，而这无疑需要更多时间。

马丁说服了我，我不再将获得世锦赛的参赛资格看作"为荣誉而战"。我将有机会与他共事，向他学习，就这样，我给自己找到了一位新导师。

为什么不借此机会来证明他所言不虚，来证明我的实际能力远超自我评估？我希望他将帮我挖掘出更多精神层次的力量。有史以来第一次，我在跑步领域和工作领域中的发展目标达成了一致：我想克服自己的自动反应行为模式。我需要学习掌握转换视角的能力，以激发"魔力"为目的，而不是在恐惧的状态下做出反应。为了应对在跑步领域和工作领域的挑战，我必须实现进一步的转变。

在我们结束此次通话前，马丁说，我们都在逃避着一些事情。这引起了我的好奇：我究竟在逃避什么？我一直都将自己视作一名探索者——探索未知、寻找意义及追寻"魔力"，如果他说的是对的，如果我的确在不断反向抵消自己的努力，那该怎么办？

突然间，我发现自己比以往任何时候都更忙了。在 24 小时超马世锦赛之前，我只剩 3 个月的时间为最后一场资格赛做准备。我必须在澳大利亚阿德莱德 24 小时耐力赛中全力以赴，希望能由此入选澳大利亚国家队并前往法国阿尔比参加世锦赛。每天早上，我会在凌晨 4 点起床，训练至上班时间。上班时，我尽力克服在管理团队时遇到的种种困难，并密切关注企业内部是否出现与转型和商业培训师相关的机会。下班后以及周末的时间，我会用来学习莉萨提供的转型培训师认证课程。不仅如此，为了和丽贝卡约会，我需要经常往返于悉尼和墨尔本之间。有时我也难免会想,自己是不是负荷过载了。

理想情况是,这些在不同领域获得的经验教训起到相互加强的作用,使我充满活力。是时候将我在工作领域与运动领域里的经验教训进行整合了。尽管这么做风险很高,但我决定义无反顾地走下去。莉萨在认证课程中讲述的内容与马丁分享的深刻领悟惊人地相似。无论是运动员还是领导者,都可以通过改变自身与当下环境的关系,来创造竞争优势。我暗暗希望,通过学习此次认证课程,能对我参加排位赛产生积极影响。

记住:一切始于内心

在随后的几个月中,关于转型培训师基础知识的学习令我感到颇具挑战性。我几乎连一刻空闲的时间也没有。我进入了一个崭新的世界,这里与我熟悉的商业世界形成鲜明的对比。在我此前的认知中,与成功、知识和决断力相关的价值观始终都是以获益为导向的,而如今为了将"右转"带入工作领域,我需要接受完全不同的价值观,例如耐心、同情、无私、真诚、谦逊和智慧。这些将使我了解如何在跑步领域以外实现转型。

工作领域的转型以巴雷特的观点为基本原则,即"组织的转型取决于组织成员的转型"。为了应对适应性挑战,领导者必须进行自身的转型。作为一名领导者,我深知这段旅程有多艰辛。为了使我的团队摆脱困境,我必须克服自己的自动反应行为模式。只有当我实现了自身态度和行为的转变,我才能带领团队迈上转型之旅。坦承自己是问题的一部分,对我而言尚不算难事,然而通过实际行动做出改变,却已超出我舒适区的范围。

认证课程的第一课既简单又深刻:认识并接受员工的现状,不要将自己的期望强加到他们身上。这一认知给我的基础视角带来了极大的冲击。因为它解释了我之所以会面临挑战，是因为我要求许多团队成员完成他们力所不能及之事，同时又没有给予足够的支持。我需要以恰到好处的速度来推进系统性变革，既能激励团队成员，也不会让他们崩溃：第一步，建立信任；第二步，理解并接受整个团队的现状。考虑到这一点，下次我会以完全不同的方式进行拍击牛奶盒的游戏。我不会向团队强调他们原本可以做得更好，因为我的职责是帮他们感受团队合作的力量。

莉萨向我承诺，在她于珀斯开设的两场课程中，我能体验到更深刻的转变：第一场和 24 小时资格赛在同一个星期举行，第二场在世锦赛之前。如果我有幸入选国家队的话，那几个星期的行程安排将会非常紧张，而且这些安排会用完我的年假。但我相信这两场课程值得我付出时间和精力。

我的跑步训练即将进入紧张的准备阶段，在这之前，我和丽贝卡再次回到克赖斯特彻奇的哈格利公园。3 年前，我在那里经历了惨痛的失败。这一次，参加比赛的人换成了丽贝卡，而加油打气的人换成了我。在过去的几年里，她为支持我在跑步领域的成长做出了很多牺牲，我想借此机会向她表达我的谢意。自从丽贝卡在中国以惊艳的成绩完成她的首场 100 公里赛之后，她想看看自己在跑步领域到底能走多远。

丽贝卡的目标是在新西兰克赖斯特彻奇的比赛中夺得冠军，然而如果想拿下世锦赛的入选资格，那就意味着她需要跑入 8 小时 30 分钟的最低时限，也就是说丽贝卡需要将她在中国的比赛成绩提高 32 分钟。这看起来似乎有些不太可能，但并不妨碍她心怀梦想。我俩都各自有一个梦想：丽贝卡能参加在荷兰举行的 100 公里世锦赛，而我能参加在法国举行的 24 小时超马世锦赛。

在此次比赛中，轮到我给丽贝卡递饮料了。幸运的是，丽贝卡对喝哪瓶

第 13 章 在失败的深渊找到成长的种子

饮料远没有我那般挑剔，那时的我甚至因递水的事情冲她大发脾气。比赛一开始，处在第一名位置的参赛者就跑得非常快，丽贝卡始终保持在第二名的位置。过了几小时，借着丽贝卡停下来上厕所的机会，我们隔着厕所门聊了几句。"她领先太多了！"丽贝卡喊道。我内心的警钟响起来：在丽贝卡的大脑里，可能在开展一场消极的自我对话。于是我鼓励她不要将自己与其他人做比较。"别管她，将精力集中到自己的比赛中去！你表现得棒极了！"可那时我们还剩 75 公里的赛程。

接着，第一名的女参赛者又超了丽贝卡好几圈，丽贝卡一度落后整整 5 公里，这导致她陷入消极情绪的泥潭。比赛赛程刚跑到一半，她便开始抱怨起来："我好累，腿好疼。"我对这种经历有多么可怕再清楚不过了。"理性小人"假装与我们为伍，但却在不断制造问题、阻止我们完成目标。更糟糕的是，我对丽贝卡的状况完全束手无策。看来克赖斯特彻奇对我们俩来说都不是什么好地方。历史正在重演。

在比赛大约还剩 40 公里时，丽贝卡再次停下来上厕所。在超级马拉松赛中，60% 赛程处是一个坎，许多选手在这个节点上都会想要放弃，因为他们意识到身体极度想要停下来，剩余的赛程似乎超出自己能力范围，从而做出放弃比赛的选择。因此我急需帮丽贝卡改变这一认知，沉浸在消极情绪之中只会让她越陷越深。

我试图让她振作起来，并告诉她第一名的选手正在显出后劲不足的迹象。"加油跑，你一定能赶超她！"丽贝卡听见这话便赶紧冲出厕所。除了静观其变，我什么也做不了。作为一名未来的培训师，我必须习惯无法掌控局面的事实。我只能希望在这种情况下，她能重新集中精力，去取得理想成绩。她需要在"继续消极应对"和"激发内在力量"之间做出选择。

丽贝卡开始加快速度，每跑一圈就缩短几百米自己与第一名之间的距离。第一名的速度明显降了下来，而丽贝卡还在不断追赶。她的脸上写满了坚定。随后她赶上了第一名，并在几圈之后取得了领先地位。丽贝卡以实际行动对精神耐力进行了教科书般的演示，这令我心生敬畏。最后，丽贝卡以8小时15分钟的完美成绩赢得了冠军。她不仅取得了100公里世锦赛的A级资格，也创下了新西兰女子在该赛事中历史第三的好成绩。她甚至比同年获得男子组冠军的男选手跑得更快。

没人料到丽贝卡会有如此非凡的表现。我激动极了，内心的喜悦无以言表。丽贝卡正式超越我，成为我们家跑得最快的100公里跑者。

她原本有可能经历和我当年那场比赛一样的惨败，然而我们之间的区别在于：在遇到困难时，她选择了不同的路线。她以实际行动展示了如何在压力下保持冷静、镇定和专注。虽然陷入消极是最容易的选择，但她却找到了不同的视角，挖掘出了内在的力量。无论是她在挫折中展现出来的适应力，还是集中精力的能力，或是提高意识层次、不再以"非胜即败"的二分法来看待比赛结果的能力，无一不证明了她无愧于"冠军"这一称号。此番重回克赖斯特彻奇的经历，为我如何为比赛做好准备带来了许多启示和鼓舞。我只需记住：一切始于内心。

终极备战

从一开始，马丁就和我达成了一致意见：我需要的不是一位教我怎么做的教练，而是一位指引我前进的导师。我们如此迅速地建立起相互信任的指导关系，这令我无比欣慰。但距离阿德莱德的比赛只剩两个多月了，我的准备时间并不充裕。好在我们的计划很简单：以发展内心力量为主，以适当的跑步训练为辅。

每日冥想是备赛计划中的重中之重，马丁称这是没有任何商量余地的。保持专注的重要性不言自明，因此我对这种安排丝毫不感到意外。想要在24小时耐力赛中获得最佳表现，我就必须放下对追求结果的执念。我越来越能深入地理解"教"和"练"是如何紧密联系在一起的，也越发认识到保持内心的平静将成为我在比赛中最大的挑战。在逆境中无法保持镇静，也是我在管理团队时频频受挫的原因。

至于跑步训练本身，则没有多少变化。对于这种精英级别的比赛，寓教于乐，张弛有度才是关键。唯一的调整是训练中增加了步行的部分，这种安排再合理不过了。只有在准备阶段对步行进行足够的、专门的训练，我才能在实际比赛中不断通过"以走代跑"的方式来节省体力，并尽可能不要落后太多。丽贝卡笑话我的"竞走"姿势太奇怪了，并建议我尽量在太阳出来之前训练，以免被其他朋友看到。没过多久，我的步行速度就很快了，足够超越那些慢跑者。至于"竞走"姿势是否滑稽，我一点儿也不在乎。

马丁和我一样忙。在这种次数不多却意义非凡的聊天中进行沟通和指导，我们双方都觉得非常合适。在很早之前的一次聊天中，我向他提及，我对自己居然能够很好地兼顾手头上这么多的事情感到惊讶。尤其是跑步，我感觉自己似乎比以往任何时候都更好地适应了高强度的训练。我的身体极少有酸痛感，也没有像之前的准备阶段那样感觉很累。马丁让我试着解释一下出现这种现象的原因。我拿不准，猜测这可能是因为我没有精力去进行那些令人筋疲力尽的自我互动，但马丁却不这样认为："我认为是你的内心在发挥作用。"

在训练阶段快结束时，马丁和我讨论了比赛策略。他告诉我他将与我共赴阿德莱德的比赛，并与丽贝卡一起承担后援队的工作。当然，他此行的主要目的还是观察我在比赛中的表现。在比赛中有他助阵，无疑是件大喜事。在聊了一些后援工作相关的细节之后，他突然换了一种严肃的语气。这次，他没有选择开门见山地传达信息，而是进行了冗长的铺垫。他先是指出自己拥有指导卓越跑者的丰富经验，而后表明我决不应该低估他对这些跑者自身能力水平的了解。我早已知道这些，这也正是我联系他的原因。然而，令我惊讶的是他接下来的预言："凯，你绝对能轻松拿下 240 公里。A 级资格对你而言并非难事。我认为你能跑出 250 公里的成绩，如果你跑了 260 公里，我也不会意外。"

一阵恐慌立刻向我袭来。我们又开始谈论比赛结果了，虽然这只是善意的鼓励，但马丁对我所寄予的厚望令我无力承受。我不可能做到。内心的"功利小人"立马将马丁的话翻译成："没达到 240 公里，就等于失败。"

我深吸了一口气，向马丁表达了感谢。然后，我选择按马丁的本意那样去理解他的话，将之作为纯粹的鼓励。我的目标依然保持不变：放下自我和聚焦当下。至于结果如何，我相信，无须操心，它是什么就是什么。

| 与自我的对话
 TURNING RIGHT | • 在私人生活或工作领域中，你遇到的最大的挑战是什么？这对你来说为什么是挑战？
• 你如何应对这个巨大的挑战？ |

TURNING RIGHT

INSPIRE THE MAGIC

第 14 章

克服深层的恐惧

当我们抑制逃避的冲动，不以惯常的行为模式做出反应时，便能更加深入地了解恐惧的本质。

第 14 章　克服深层的恐惧

> 你可以用挑战来唤醒自己，也可以让它将你拉入更深的沉睡之中。
>
> ——埃克哈特·托利（Eckhart Tolle）
> 剑桥大学研究员

这是多年来我最重要的一个星期。我不仅需要参加入选国家队的资格赛，还需要参加莉萨在珀斯举办的第一场认证课程。在这个星期里，由于洲际旅行、时差变化以及日常活动被打断等，我的精神状态也深受影响，这或许远不是参加一场重要比赛的完美前奏。

按计划，我需要在星期五提前结束课程，并赶上最后一班飞往阿德莱德的航班，参加在星期六早上开始的 24 小时耐力赛。从时间上来说，星期五下午才抵达阿德莱德会使准备工作稍显紧张，我只能祈祷这中间不会出现任何差池。我既不想放弃职业发展的机会，也不想放弃入选澳大利亚国家队并前往法国参加世锦赛的机会，但只有事后我才能判断出去珀斯参加认证课程的决定究竟是失败的还是明智的。

长跑启示录　Turning Right

"战斗"还是"逃跑"

　　莉萨开设的课程"通过价值观促进转型"是一项全球知名的引导师认证项目,该课程旨在让我们学会利用自身的价值观和目标的力量实现转型。我希望能从该课程中学习到关于如何成为商业培训师的基础知识,以及如何成为一名推动企业转型的引导者。我希望能够引导企业管理者实现有意义的个人转变,并帮助其组织打造出繁荣蓬勃的企业文化。但我深知,在带领他人踏上鼓舞人心的领导力转型之旅时,我的自动反应行为模式将会成为绊脚石。当我们陷入内心上演的大戏时,就需要通过练习摆脱内心争斗,以获得更高层次的视角。我们需要跳出所处环境、获得全局观,从而客观认识到内心的所思所想。当人们受情绪所困时,他们便无法有效地处理手头上的任务,无论是在体育领域、商业领域还是在培训师领域,都是如此。

　　克制我们的自动反应行为模式的训练让这个星期的课程充满了挑战。在上课之前,我们被要求准备好来自上司、同事和团队成员的全方位反馈评价,在课上,我们对这些反馈进行了解读。比如,我在鼓励他人掌握自己命运、对他人给予高度关怀,以及帮助他人挑战极限等方面都得到了不错的评价,这令我感到欣慰。还有人提到我充满积极性、性格有点古怪,是一个"非同寻常"的人,这大概是我最爱的一句评价了。

　　正面的反馈当然令人愉快,但我们需要将精力集中到那些需要改进的负面反馈上。从这些反馈来看,我需要改进的地方还很多:我不仅总是指责别人、缺乏耐心,还常常过于以结果为导向。这些性格特质反过来又使我丧失了同理心。一位同事指出,我需要学会展示自己脆弱的一面,学会分享情绪。另一位同事反馈说,当我处于沮丧情绪之中时,整个人会变得难以相处,甚至有些执拗。

这些反馈证明，我不擅长放弃计划，也不擅长让事情顺其自然地发展。我习惯于躲在由理智构造的安全区之内，通过与同事拉开不必要的距离的方式来保护自己。有一些同事承认，这些年来我的确不再那么"非黑即白"了，但在面对困境时随机应变的能力还有待提高。我突然意识到，我必须找到一种完全不同的方式来应对工作中的冲突和挫折。还有一位同事向我发问，我将如何带领那些持怀疑态度的人以及对任何改变都毫无兴趣的人踏上转型之旅。她还说，希望我不要只是简单地选择放弃这些人。

最难的部分莫过于要认识到，我在多大程度上仍依赖于自动反应行为模式。实际上我大大低估了自己的自动反应行为模式，想要逃跑的冲动早已不是第一次出现了，留在熟悉的世界里自然要容易得多。然而我必须面对自己的不适，因为逃走将无法使我成为一名优秀的培训师。

在跑步领域，我知道实现"右转"需要怎么做。当外界触发因素出现时，我会放弃自己的自动反应行为模式，并有目的地做出反应。然而在工作领域，我仍在努力克服阻碍我前进的自动反应行为模式。商业领域的转型方式与跑步领域的并无二致，都是从沮丧到意识到问题，再到主动选择。我只是还没有学会如何将这一方式应用到商业环境中去。

随着课程学习的不断深入，我越发意识到自己经常通过逃避情感或者掌握控制权的方式进行自我保护。在那些时刻，恐惧取代了目标；"避免失败的动力"取代了"获得成功的动力"。虽然道理很简单，但现实却复杂得多。理解发生了什么只是解决问题的第一步，更重要的是，当我的恐惧被触发，情绪排山倒海般袭来时，我能够挺身而出，直面恐惧。

在珀斯学习的那个星期，我发现自己曾多次以自动反应行为模式来应对一些看似微不足道的外界触发因素。在课程的最后一天早上，所有人被要求

长跑启示录　Turning Right

花几分钟的时间画一幅画。我现在已经不记得这幅画的主题，但当时在尚未听完具体的指示之前，我就陷入恐慌之中，全身燥热，开始出汗。我一点也不想画画，由来已久的厌恶情绪从内心深处升腾起来，内心的独白则以令人难以置信的语速不断讲述着，我是多么讨厌与绘画有关的任何事情。我根本不会画画，也不打算动笔，谁也别想逼我画。我为什么要待在这里，怎样才能逃走？也许我可以提前结束课程，早点去机场？

尴尬的是，我发现每个人都在围观我发脾气。当我试图退出这次练习时，他们更加困惑了。他们实在难以理解，我为何会因这样的小事有如此大的反应。在他们看来这件事再简单不过了：要求大家画幅画怎么了？无论画成什么样都可以接受，又没有人在期待什么大师之作。

但我不行，我顶多只能像学龄前的孩子那样涂色。从小学开始，我的美术成绩就一直是中等水平，这让我对美术课充满厌恶。一位同事曾问我，为什么我总想要在所做的每件事上都达到优秀。那时我只觉得这个问题很奇怪，然而在课上面对绘画要求的那一刻，我才认识到，当面对自己不擅长的事情时，我的感觉是多么糟糕。我的情绪已然失控，抵触情绪无比强烈，以至于有好几分钟我什么都做不了。当逃离现场的冲动终于被遏制住之后，我在图板上胡乱画了一些内容。

令我惊讶的是，莉萨并没有质问我为何会有如此大的反应，我想她意在让我从更深层次反思自己的行为。那时的我显然被某种根深蒂固的恐惧支配了。虽然我们整个星期都处在恐惧和不安的情绪之中来进行学习，但我现在回顾时能清楚地认识到：一旦被恐惧控制，我唯一想做的事，就是尽力减少我的内心冲突。逃走是一个极为诱人的选项，但我需要做的恰恰是关注当下，直面内心冲突和不良情绪。当我抑制住冲动，不以自动反应行为模式做出反应时，我便能更加深入地了解恐惧的本质。如此一来，不安和沮丧将被我打造为成长的契机。自动反应行为模式总会体现出一些潜在的限制性信念，而这些信念通常形成于我们的童年早期。只是我不知道当时究竟是何种信念令我感到那般痛苦。

我感到周遭似乎无人可信，只能靠我自己。我甚至不知道我究竟在保护自己免受什么伤害，我并不认为我仍然像很久以前那样，害怕自己画的丑图被大家嘲笑。虽然我知道我的恐惧远不止是害怕自尊受到伤害那么简单，但我始终未能找到恐惧的根源。离开珀斯时，我感到有一头古老的猛兽被唤醒了，但在我认清它的本性之前，这头猛兽又重新退回到黑暗中去了。毋庸置疑，许多我寻而不得的答案都将在它身上揭晓。但此时此刻，我很高兴它选择再次退回到黑暗之中，因为我现在必须将所有精力集中于即将到来的比赛。

离开珀斯时，我满怀信心。我感到自己即将跨越另一个成长的门槛，新的机会在那里等着我。过去，每当我以主动回应代替自动反应时，我都会实现突飞猛进的成长。我想知道自己在眼前这场比赛中将会有何表现，我相信珀斯的课程将对我的表现产生积极影响。虽然我在赛前没有多少机会睡觉，但至少这使我无暇顾及其他。这一整周里，我实在太忙了，没时间去体验紧张；而现在我又太累了，没机会去体验压力。

丽贝卡已在阿德莱德机场等我。抵达住处时已经很晚了，好在我们的住处距离即将举办比赛的公园很近。为了做好准备，我需要完成三件事情：完成 15 分钟的左右横跳，使坐完飞机后的双腿得到更好的恢复；晚餐吃一大碗意大利面来储备碳水化合物；尽可能地睡饱、睡好。这是确定澳大利亚国家队候选人名单前的最后一场资格赛，因此也是参赛者们争取入选的最后一次机会。这次是我的第二次尝试，结果很可能与第一次的结果差不多，但我决定奋力一搏，因为丽贝卡已经在克赖斯特彻奇的那场比赛中为我树立了榜样。

长跑启示录　Turning Right

只有竭尽全力，才能熬过黑夜

早晨，已经等在起跑线上的马丁给了我一个大大的拥抱。他向我介绍了马特·埃克福德（Matt Eckford），马特是24小时耐力赛澳大利亚国家队的常驻成员，虽然他早已获得了国家队资格，但仍决定参加这场比赛。可惜的是，我已经没有时间向这样一位经验丰富的世锦赛参赛者寻求任何建议了。

上午10点整，我们开始迈上2.2公里的公园环路。在接下来的24小时，我们要一直待在这里。这里的空气清新宜人，比赛环境看起来相当完美。然而当我们甚至还没跑完第一圈，身体也还没活动开时，情况就急转直下。天空突然下起倾盆大雨，碎石路开始变得泥泞起来，大雨淋湿了我们的衣服，地上很快就形成了大大小小的水坑。然而，我无暇顾及这场大雨，因为我正忙着修理系在胸前的心率带。它无法接收到任何信号，按照它显示的心率数据，我已经"死"了。

我原本计划根据心率带上显示的信息来避免跑得太快，以免出现乳酸堆积的情况。眼下，这个计划看来是泡汤了。于是我将坏掉的心率带取下来，扔给了丽贝卡和马丁。他们已经看出来我心情不佳了。比赛才刚开始，麻烦就接踵而至，无不预示着接下来的24小时将会是一段相当漫长且难熬的时光。

我突然意识到，当务之急是无论外界环境如何，我都要保持良好的跑步节奏并打起精神来。必须跟随直觉行动起来。我在跑步途中发现许多熟悉的面孔，其中包括曾参加"海岸到科修斯科峰"极限马拉松赛的大卫和他的母亲。我决定开始一边和老友享受比赛时光，一边在途中结交些新朋友。比赛开始几小时之后，一切都在好转。我的速度既不过快也不太慢，保持着每圈步行几百米的节奏，并规律性地补充饮料、香蕉或土豆泥来维持能量。然而，我没能关闭理性大脑。

第14章 克服深层的恐惧

虽然我在赛道上心情不错,但每当我接近后援队,我就会换上一副严肃的表情。与他们的互动莫名其妙地让我觉得心累,我必须集中全部注意力才能不把事情搞砸。其中一次,我甚至没能接稳饮料瓶,将它从丽贝卡手中撞了出去。我是不是开始不耐烦了?毫无疑问,我即便没到暴躁的程度,也至少可以算得上紧张了。我与马丁和丽贝卡的互动映射了我是如何对待自己的,这和我与场上其他人的互动形成了鲜明的对比。尚未到黄昏,我的双腿就已经越来越重了。我必须在赛道上跑240公里,这让我没有丝毫犯错的余地。我又跑了几圈之后,我才意识到"功利小人"又爬回了驾驶座,重新掌控了局面。

我必须放下自我,可是知易行难。我清楚地知道,内心的声音付诸行动后只能起到适得其反的效果,但我却无法让其停止。内心的声音持续对我迈出的每一步作出评论。于是我尝试通过听音乐来打断思绪,这还是自高中接触跑步以来我首次这么做。我听了一小时的西班牙语歌曲,这让我心情好了很多,精神也振奋了不少。然而没过多久,麻烦就又来了。午夜将近,我也即将迎来比赛的关键点,是成是败,取决于此。

正当我在自己的思绪中越陷越深时,一位观赛者突然跑到我旁边几米处。他向我做了自我介绍,并说我们在墨尔本有一个共同的朋友。一番交谈过后,我得知他是超长距离越野世锦赛的澳大利亚国家队成员。他对我的鼓励犹如一场及时雨。命运似乎看出这一剂鼓励尚且不够,于是又给我来了一剂。继续跑了不到100米,另一位了不起的澳大利亚国家队成员米克·思韦茨(Mick Thwaites)也为我加油打气,极度渴望获得解脱的我不禁朝他大喊:"我无法放下自我!"喊完我便跑远了,但依然听见了他简单有力的回应:"直接放下自我就行!"

米克的回答的确没什么可补充的,我只需为跑步而跑步。我扪心自问:

长跑启示录　Turning Right

"我究竟想成为谁？"答案瞬间就出现在我脑中："我会像沙克尔顿那样，做一名探索自身极限的战士。"这一次无论结果如何，我都不会让任何"功利小人"阻挡我的步伐。在我直面它们，大吼它们名字的那一刻，那些困扰着我的鬼魂突然消失了。我下定决心径直走入它们当中，直接对抗并揭露它们不过是一群纸老虎的事实。

再次经过后援队时，马丁有些紧张地告诉我，我的速度太慢了，必须加快速度，才能有望入选国家队。他的指示很简单：接下来以稍快的速度跑几圈。在此次加速跑期间，我赶上了马特。他已经超过我很多圈，并有望在这次比赛中取得超过 250 公里的优异成绩。在随后的一小时里，他展现出来的动力给我莫大的鼓舞。他稍微放慢了速度，让我们俩的速度不相上下。虽然我速度比他稍快，但他从不停下来步行，因此我俩开始出现一种你追我赶的状况。每当我以走代跑时，他就会赶上我；而每当他赶上我时，我就会拔腿开跑，将他甩在后面。这让我能够保持专注。更重要的是，我内心的"探索者小人"开始掌舵。

在比赛最后几小时，我没有一丝懈怠。我必须保持住速度，才有机会入选国家队。上太多次厕所都可能会导致前功尽弃。压力越来越大，而我不得不坚持战斗。但凡有一丁点保留，我都将无法获得入选资格。我必须竭尽全力，毫无保留，才能熬过黑夜。我只希望自己在天亮之时依然处于一个有希望入选的排名位置。在终点处的信号枪响之前的最后一波冲刺或许能给我带来一丝机会，但也很难说。马丁像只受困的老虎一样在赛道旁来回踱步，恨不得能代替我跑。然而，这是一场必须我自己打的仗。

过去，我曾看似轻而易举地完成了一些艰难的比赛。而这次比赛却很不一样，我付出了巨大的努力，至少保持住了镇静，一圈接着一圈，该做的我都做了。在整场比赛中，我都没有什么超预期的表现。终于，看似永无尽头

第 14 章 克服深层的恐惧

的夜晚结束了。鸟儿们也都醒来，在清晨沁人心脾的空气里荡漾着它们叽叽喳喳的欢叫声。远方的地平线上升起第一道曙光，像一个解脱将近的承诺。在破晓时分尚且昏暗的光线中，我再次看到了米克，他睡了一会儿后回到赛场上看我们完成比赛。他朝我喊道："我们期待你的加入！"这句话犹如一针强心剂，让我知道自己该怎么做了。于是，我满怀信心地冲他喊道："我会的！"

当我向米克喊出那句话，紧接着那头古老猛兽的神秘面纱终于被揭开了。我看得十分真切。一切也都说得通了。我最大的恐惧在于"被排斥在外"。我极度渴望成为澳大利亚国家队的一员。这与其说是源自我的自尊，倒不如说是源自我对归属感的渴望。米克的话让我深受鼓舞。因为这一次，我感到自己没有被排斥在外，这支队伍欢迎我的加入。

在最后的 3 小时里，我将竭尽所能去实现这一梦想。米克早先告诉我要"放下自我"也起到了类似的激励作用，奏效的原因并不在于话的内容，而在于说话的人。马特和我之间你追我赶的有趣互动，同样极大地帮助了我。所有这些都对我产生了非常重要的影响。

当太阳升起时，身在阿德莱德的我却回想起珀斯的课程上发生的那一幕，仅因画一幅画的要求就使我想要逃离现场。当时的我始终无法找到解谜的关键。其实在当时的情境下，我同样是受"被排斥在外"的恐惧支配。当时我认为，如果我不能完成一幅像样的画作，在场的所有人都将无法接受我。我会被他们排斥之外。

但是我有一种"在被排斥之前逃跑"的自我保护机制。由于我总在不自在的情境中竭力与他人保持距离，以及高度重视对局面的掌控等，因此"在被排斥前逃跑"看起来并不那么令人意外。当然，彼时彼刻的我突然发起脾气来，看上去的确毫无道理可言。我在课上根本没有面临任何"被排斥在外"的风险。然而我的大脑并不这么认为，潜意识的想法可能会太过强烈，给人制造出一种真实的错觉。

我一边思考着这种根深蒂固的恐惧究竟源自何处，一边又跑完一圈。当我从后援队成员旁边经过时，马丁打断了我的自我反省。他大声提醒我，再也不能浪费时间了。据他计算，我的速度还不够快。当下，我必须将我"不达目的誓不罢休"的坚忍意志力发挥到底。尽管我筋疲力尽，但依然能感受到马丁那时有多么紧张。A级资格正在离我而去，我必须加快速度才能留住它。然而我已经没有余力了，如果此时我再因此而焦虑不安，那无疑只会雪上加霜。我只能相信自己。为避免上厕所，我减少饮料补给的摄入量，并打算一直坚持到比赛结束。任何关注我进度的人都在紧张地等待最后的结果。

距离比赛结束还剩最后一小时的时间，形势不容乐观。马丁希望看到我在最后关头再来一波全力冲刺。我很想这么做，可我做不到。我已经筋疲力尽、无法提速。我极度渴望比赛早些结束，我感觉自己似乎陷入一场噩梦之中，双腿不断在奔跑，却根本没有踩到实地上的感觉。在最后几圈，局面变得更加混乱，观赛者全都回来了，他们发出巨大的噪声。终于号角响起，一切都结束了。我几近崩溃。据我估算，我应该是刚好合格。但我能相信自己的估算吗？毕竟，我现在正处在睡眠不足、筋疲力尽的状态。我只能等待官方的测量结果。每一米都是关键，一米都不能少。

丽贝卡奔向我，将我扶住。这是我在参加的所有比赛中最艰难的一场，甚至68小时的"令人精神错乱的200英里西部赛"都没有这么累人。当赛事总监带着轮式测距仪向我们走来时，他为我们带来了好消息：我跑了240.341公里，比目标高出0.1%。我获得了A级资格，马特比我多跑了近13公里，我们将一起赴法国参加世锦赛。

第14章 克服深层的恐惧

面对不祥的预言

此次比赛与之前在克赖斯特彻奇那场比赛的关键区别在于，我接受了痛苦的情绪。刚开始，自我控制住了我，但最终，我还是设法关闭了自动反应行为模式。我选择了自己的命运。这项成就不仅属于我，更属于两位了不起的导师：马丁和莉萨。如果没有他们的指导，如果不是因为他们对我知之甚深，并帮我突破内心的局限，我将无法取得这一成绩。仅用了一年多的时间，他们就帮我将24小时耐力赛的成绩提高了13%。

当晚，为了庆祝团队取得的成绩，马丁、丽贝卡和我去了当地的酒吧。虽然酒吧离我们住的地方只有几百米远，但我们还是不得不租车前往。因为我的双腿痛得厉害，甚至连走到车上都很费劲。我们三人对此次比赛的结果都很满意，对即将到来的法国之旅也充满期待。丽贝卡和马丁二人在比赛中为了将我拉回正轨做出了很多牺牲，正当我要表示感谢时，马丁决定利用这一时机给我一些反馈。他指出比赛结果的确值得我为之骄傲，但我在赛场上对待后援队成员的态度令人难以接受；我与他和丽贝卡之间的互动远非一位世界一流选手应有的表现，我需要好好反思一下；将饮料瓶从丽贝卡手中撞出去是完全没有必要的，但凡我能更专注一点、更积极一点，也不会发生这种情况。他认为，虽然我的成绩达到了参加世锦赛的标准，但我在过去24小时中对待后援队的表现却并未达标。

这些严厉的话无比刺耳。在这一刻之前，我还情绪高涨，犹如置身云端，而马丁的这番话将我一下子拉回到地面。我的第一反应是保持自己完美的形象，否认有任何改进的必要。但我抑制住了这种冲动，我决定虚心接受批评。

我想起了在克赖斯特彻奇的那场比赛，当时的我因丽贝卡未能及时递出正确的饮料而对她大发脾气。令人难堪的是，到目前为止我仍未能吸取足够的教训，未能给后援队成员足够的尊重。以自己取得的优异成绩和在比赛中面临的巨大压力等作为理由，来为自己的行为辩解，简直太容易了，但这不仅给团队带来极大的负面影响，而且代价太高。我不是没有在其他人身上观察到过这种反应模式，甚至也曾多次在董事会会议上谴责此类行为。但如今，马丁却让我看清自己的所作所为与他们并无二致。他提醒我，转变必须从我自己开始，完成这项任务将比指出别人的错误行为要艰巨得多。

因为这个问题，我究竟在这场比赛中浪费了多少精力尚无定论，也许换一种策略将能带来新的可能性。前路充满无限可能。但马丁的意思很明确：当我随国家队共赴法国参加比赛时，我的自我最好不要同行。毋庸置疑，世锦赛上需要的是一个完全不同的我。

我将带着过去的恶魔，再次踏上"右转"之旅。继续以自动反应行为模式行事，将会使我在情绪上不堪重负。这些模式曾让我获得许多卓越的才能和力量，但是是时候将这些力量从自动反应行为模式中释放出来了。曾经的助力如今已成为限制我的藩篱。如果能拓宽我的意识层次，那我将不会再受任何限制。只有进行更多的"右转"，才能实现这一目标。

好消息是这将完全取决于我，而坏消息是时间相当紧迫。我需要三管齐下：在工作中实现转型；拿下未来职业生涯所需的资质认证；为世锦赛做准备。我面临的压力丝毫没有减少。

比赛结束后我睡得不好。像以往一样，我半夜满身大汗地醒了过来，整个身体无比酸痛。随后，我们在早上乘飞机回家。当飞机穿梭在高高的云层中时，我不禁在想，"被排斥在外"带给我的恐惧究竟源自何处。通常来说，这些恐惧都源自早期童年的经历。我已经无法回忆起那个久远年代发生过什么特别的事情，但是我突然记起在高中的最后一年发生的一件事。

这件事发生在口语期末考试的前几天，我和母亲大吵了一架。那时的我在专心准备期末考试，以及人生中的第一场马拉松赛。由于我无暇他顾，我没能为母亲准备一份用心的母亲节礼物。我本打算将丑陋的花园粉刷一遍当作礼物献给母亲，但这个想法并未获得母亲的认同，反而让整个家里的气氛跌至冰点。一个冰河时代似乎已经来临。在我和母亲大吵一架之后，她开始对我进行长达几天的冷战。

我不得不忽视家里的气氛，将注意力集中到学业上去。期末考试考完回家，当母亲得知我不仅全科满分而且还获得了当年最佳毕业生的殊荣时，她终于缓和了态度。那时的我并未意识到整件事有哪里不对，而现在我却第一次意识到：如果我搞砸了，就只能孤军奋战，我只有拿到完美的结果，才能治愈心灵上的伤口、修复母子关系的裂缝。只有拿出好成绩，才能体现我的价值。我必须有所成就。

飞机稳稳着陆，我飘飞的思绪被打断。眼前更紧迫也更实际的问题是，几乎走不了路的我如何才能到达行李提取处。按照我目前的步行速度，恐怕行李箱在我抵达之前就不见了。事实证明，我在阿德莱德的比赛中的确没有一丝一毫的保留。随后，在长长的机场走廊里，一辆不断发出哔哔声的电动车向我们驶来，我和丽贝卡上了车，我的担忧也随之消失。当我坐在电动车上查看电子邮件时，我看到一封来自母亲的邮件。看来我们在同时想着对方。前一天晚上我通过邮件给她发送了关于比赛的最新消息，她看了之后做了回复。但在读完整封邮件之后，我感觉极为不适。

在邮件里，母亲既没有祝贺我取得的成绩，也没有承认我为此次比赛所付出的巨大努力。她甚至对我即将参加世锦赛的消息没有丝毫兴趣。她向来将成功看得很重,但很明显,她定下的游戏规则即将再次改变。我的心情跌至谷底,曾经的记忆浮现眼前:每当我进入一段新的恋情时,母亲就会变得反复无常,尽管她会否认自己的这种行为模式。比如,当我和初恋在一起时,她向我提出几点之前必须回家的要求;后来当我又有了一段新的恋爱关系之后,她每月不再给我零花钱。青少年时代的回忆再次浮现在我的脑海中,这似乎并不只是个巧合而已。我想知道,这些回忆究竟想告诉我什么。

在这封电子邮件里,母亲提出了一堆奇奇怪怪的问题:我为什么要做当下正在做的这些事情?我为什么要期待获得她的认可?以前,母亲曾鼓励我通过跑步去实现内心的成长,但如今,她又敦促我早些认识到我已然在生活中迷失方向。我想不通母亲此番为何再度拒绝给我一点温情。更令人失望的是,即便现在我早已长大成人,母亲仍无法接受我自主选择的生活方式。对她而言,我仍是一个她无法信任的小男孩。虽然我与母亲之间很少闹矛盾,但每当我们发生矛盾时,她总会采取被动式攻击态度,总是暗示而不愿准确表明问题所在,这种行为方式令我极为恼火。电子邮件中还有一段令人震惊的话,读起来几乎就像是对未来的预言:"幻想的飞行必须停止。飞得越高的人,跌得越重。"

母亲指的是伊卡洛斯(Icarus)。在希腊神话中,伊卡洛斯的父亲给他用蜡和羽毛制成一双翅膀,并警告他不要离太阳太近。但伊卡洛斯无视这些警告,在天空中越飞越高。随后当他飞得离太阳太近时,蜡融化了,翅膀也散开了,他也因此坠亡。

难道母亲是想通过夺走我的翅膀来保护我吗?她爱我胜过一切,一直尽她所能地保护我免受父亲的伤害,确保我能以坚强的心态应对挫折。然而,我手中的这封电子邮件读起来却并不像有任何保护的意味。在我看来,这封邮件的内容透露着恐惧。这份恐惧源自一个害怕失去孩子的母亲,一个害怕

第 14 章 克服深层的恐惧

被抛在身后的母亲。

多年来,我一直通过不断追寻目标来减轻自身的恐惧,而当下,我正在面对母亲的恐惧。这种局面引发了一个问题:我们的恐惧是如何关联在一起的?我从不曾怀疑,母亲在引发我的恐惧中发挥了相当重要的作用。

与自我的对话 TURNING RIGHT	• 你在哪些情况下会陷入自己的"内心大戏",并做出不合情理的反应? • 你能辨别出有哪些信念正在阻碍你前行吗?

TURNING RIGHT

INSPIRE THE MAGIC

第 15 章

彻底改变潜在信念

"我能在多大程度上聚焦于当下"
比"我所能获得的成就"更加重要。

第 15 章　彻底改变潜在信念

> 当一个人将力量从反应模式中释放出来，不再用其换取认可和安全感之后，他便不再与这种力量处在一种强迫性的关系之中。
>
> ——罗伯特·安德森

在闹钟响之前我就醒了，天已微亮，光线透过窗帘漏了进来。今天是星期六，我多么希望自己不用离开温暖的被窝。无论是工作、洲际旅行、在珀斯一个星期的认证课程学习，还是为世锦赛做准备，通通都令我无比疲倦。一天 24 小时都不够用。颇具讽刺意味的是，就在我正式成为澳大利亚国家队一员后，我无法再赋予跑步以最高优先级。我不能将全部精力放在跑步上了，因为当前最重要的任务是将"魔力"带到工作中去。

将阿德莱德的比赛视作一种成就是再自然不过的事情，毕竟，我已成为澳大利亚顶级马拉松赛事参赛者之一。但我能感觉到这一成就本身是次要的，更重要的是，此番经历使我更加熟悉新的"魔力"世界。这个"魔力"世界与我成长的现实世界截然不同，我花了数年时间才理解清楚其中的规则。在这个神奇的世界里，一切皆有可能，我关注的不再是能挣多少钱、能跑多少公里或能把成绩提升多少分钟，最重要的是每时每刻我们所创造的能量和目标，将伟大的成就内化为非凡的经历，使个人实现成长，收获快乐。

我一次又一次地通过跑步进入了这个充满"魔力"的世界，然而我尚无法在工作领域中进入这个世界，无法与他人分享我的神奇体验。我能感觉到，是时候站出来带领企业、团队和其他人踏上探寻"魔力"之旅，从这个神奇的世界中受益了。进入这个世界的关键在于提高意识层次，而想要做到这一点，我们必须"右转"。

莉萨和马丁分别用自己的方式向我表明：如果我想要在工作领域、跑步领域及生活中不断追寻梦想，那就必须放下自我。他们要求我在不同的意识层次上思考问题，坦露自身的弱点，激发出勇气，以追求意义为目的，并相信合作的力量。不仅衡量成功的标准发生了变化，甚至原来的世界都已被颠覆，想要挖掘出非凡的潜力，我必须对内心世界进行重组。"我能在多大程度上聚焦于当下"将比"我所能获得的成就"更加重要。我的下一个成长目标不在于去"实现"，而在于去"存在"。

获得归属感和完美表现的倾向会阻碍我，过去的自我保护和控制欲会使我陷入困境，愈发沮丧。只有当我彻底改变最根本的信念，不再受其限制时，才能重获新生。阿德莱德的那场比赛表明：当我从基于恐惧的反应模式中释放出力量，敢于挑战现状并相信直觉时，新的可能性就会出现。

展现自身的脆弱

自从开始忙起来之后，我做的最重要的一项练习就是冥想。如果我在过去的几个月里每天不做冥想，的确能为我节约大量时间，但我也无法从这项最重要的练习中受益。来自外在环境中的种种因素都在诱使我加速，只有通

第 15 章 彻底改变潜在信念

过冥想，我才能稳住心神。

我需要消除无数盘旋在我脑海中的念头带来的焦虑。在做了一小段冥想之后，我动身前往马丁组织的训练营。在那里，我终于见到了澳大利亚国家队的所有选手。澳大利亚男子橄榄球队是"小袋鼠队"，女子无挡板篮球队是"钻石队"，我们则是"鸸鹋队"。这个周末的主要任务是相互认识、增进友谊，以及加强团队文化建设。我们的队伍共有 15 名运动员，包括 6 名女性和 9 名男性。这是有史以来规模最大的队伍，只为在世界舞台大放异彩，而我则是团队中为数不多的新手之一。

我愈发感受到自己与其他选手在能力上的差距。澳大利亚国家队曾在世锦赛上获得过团体银牌的好成绩，其中，巴里·洛夫迪（Barry Loveday）是 24 小时超马世锦赛史上排名第二快的澳大利亚选手，仅次于传奇跑者扬尼斯·库罗斯（Yiannis Kouros）。库罗斯则以 24 小时跑完 303.506 公里的惊人成绩保持着当下的世界纪录。到目前为止，无人能接近这一水平。① 正如纪录片《超马之神》（*Yiannis Kouros——Forever Running*）所述，他是一位极善于通过内心来掌控身体的大师，并一直将"超越自我"视作他取得非凡成就的根本原因。我极度渴望能够借鉴他的一些经验。

马丁说，这一届的澳大利亚国家队是他见过的最出色的队伍。当然，由于我们并不知道其他国家的选手会表现如何，比赛总会有一些运气的成分在里面。但马丁相信如果我们能够稳定发挥，就可以获得优异的总成绩，拿下前三也不成问题。想象我们站在领奖台上的画面，每个人都十分激动。与此同时，这份雄心壮志也要求我们每个人都承担巨大的责任。

---

① 2021 年 8 月 28 日，立陶宛运动员亚历山大·索罗金（Aleksandr Sorokin）以 309.399 公里的成绩打破了扬尼斯·库罗斯 303.506 公里的世界纪录。2022 年 9 月 18 日，在国际超马联合会（IAU）2022 年 24 小时路跑欧洲锦标赛上，索罗金以 319.614 公里的成绩再次刷新世界纪录。——编者注

长跑启示录　Turning Right

团队的梦想以及随之而来的压力，让我想起了自己 16 岁时在苏格兰寄宿学校的一次经历。寄宿生分别属于不同的院舍，院舍之间经常会在各个方面相互竞争。在一年一度的"院舍音乐赛"中，我们需要通过合唱、管弦乐队演奏和独奏 3 种表演方式来为所属院舍赢得积分。我所在院舍的学生均对获奖寄予厚望，渴望献一份力的我主动提出表演钢琴独奏曲。我尤其钟爱罗伯特·舒曼（Robert Schumann）著名的钢琴套曲《童年即景》(*Scenes from Childhood*) 中的第七首《梦幻曲》(*Dreaming*)。之前我也曾在公共场合演奏过几次，那时的我很高兴自己能为院舍贡献力量，尤其是在我们有望获奖的情况下。

当我站在巨大的舞台上面对钢琴时，台下坐着整个学校的人，我感到数百双眼睛都在盯着渺小的自己。我紧张极了，双手疯狂地颤抖起来。我无法平静下来，整个人陷入巨大的痛苦之中，甚至忘了如何弹奏。在平时，我甚至可以闭着眼睛弹奏，但那天，我的双手根本不听使唤。

所有人都听到钢琴不断发出错误的旋律，而我一心只想让所有人的痛苦，尤其是我自己的痛苦早些结束。于是，我极快地结束这场尴尬的演奏，就好像这场音乐赛是在比谁能最快弹完这首曲子一样。我恨不得找个地缝钻进去，但偌大的舞台无处可藏。我在所有人面前搞砸了，并得到了一个最低分。一连好几天，我都不敢面对同院舍的其他男孩。我让他们失望透顶。虽然我自小学起就开始弹奏钢琴，然而那天之后我再也没有碰过钢琴了。

几十年后，我面临历史重演的风险。虽然我年岁渐长，心智也更加成熟，但风险也大得多。如今的我不是代表院舍在学校的舞台上参赛，而是代表整个国家在世界的舞台上参赛。我并不是害怕失败，而是害怕丢脸。

虽然将事情彻底搞砸是一种很痛苦的经历，但我已经认识到在挑战自我的途中，失败是不可或缺的一部分。我并不是害怕自己在世锦赛上失败，而是害怕自己丢脸。正如莉萨在培训中要求我们作画时我所感到的恐惧，我再也不想体验到那种羞耻感带给我的冰冷而剧烈的痛苦。我再也不想感受到自己不配成为团队中的一员。我太清楚那种没有归属感，没有家的感觉。

当我还是个孩子的时候，我就经常感受到丢脸所带来的恐惧。我会因邻居们从我家敞开的窗户里听见父亲愤怒的咆哮声而感到丢脸，有时甚至关上窗户也无济于事；我会因他在公共场合中各种无法约束自我的行为而感到丢脸，比如当我们全家去超市购物时，多数都以他大发脾气结束；我会因朋友来家里玩却被他大骂一通而感到丢脸；我会因有人发现父亲打我而感到丢脸；我会因母亲的朋友们来家中做客却目睹父亲追我下楼，暴打我而感到丢脸。让我困惑不解的是，我为何会对父亲的所作所为感到丢脸。从理性的角度来看，这些事情均与我无关，是他无法控制自己的脾气。然而，小时候的我并不这么想，那时的我只想消失掉。

不过，最丢脸的事却与父亲无关，而与我自己有关：我直到13岁还会在晚上尿床。这个习惯直到学校露营时，那次尴尬事件后才彻底改掉。

马丁曾问过我究竟在逃避什么。"羞耻"正是这一问题的答案。当我认识到自己正在试图摆脱童年的痛苦时，答案自然而然地出现了。它解释了我如今的种种性格和态度的原因：我对展现出缺点和脆弱的恐惧，极强的控制欲，要求在投入精力的事情上获得高回报率，以及我对自己和他人极度缺乏信任。从小时候起，我就相信我必须做到完美无缺才能挣有一席之地。我们家中从来没有谁会无条件地爱我，无论是父亲还是母亲。爱必须通过自身的努力去挣得。虽然如今长大成人，但从情感上来说，我依然背负着这个沉重的信念负担。爱是有条件的，我的整个生命都在无形之中受这一信念支配。

我思绪飘飞,甚至忘记了作为澳大利亚国家队的一员,自己正在听着教练的重要讲话。马丁肯定是注意到我没有专心听,于是提醒我将注意力集中到会议上来。会议的主题已经从团队目标讲到了价值观和心态。没有人会低估这场世界级别的比赛对我们的严格要求。

马丁却对应战方式做出了特殊的调整。他指出我们不需要以坚强的意志力来进一步武装自己,而是需要放下自我,允许表现出自身的脆弱,并且他鼓励我们在跑步时不仅要有勇气,更要有高雅的姿态,并抱有感恩的心。只有我们发自内心地奔跑,才会获得卓越的表现。我们应该沉浸在比赛的氛围之中、摆脱内心的思绪,从而进入一种不怀任何期望的单纯的"存在"状态。我们不应因恐惧而跑,而应因爱而跑。

要求队员发自内心地奔跑,这番教练谈话非同寻常。马丁以鼓舞人心的方式,向全体队员谈了他所畅想的世界。在这个世界里,我们的共同目标不再是竞争和成功,而是快乐和感恩。通过发自内心的奔跑,我们将创造出可以实现阶跃式成长的空间。我观察周围队友的反应,发现马丁的话引起了所有人的共鸣。随后他继续补充说,我们之中许多人可能并非因擅长超跑而为之着迷,而是因为我们能够感觉到超跑的本质蕴含着探寻生命的意义。在内心深处,我能理解他这番话的意思。

集训营的学习和训练让我认识到我们无须害怕失败。更加可怖的敌人是因渴望获得卓越表现而产生的恐惧。我很感激团队中没有人对我寄予厚望,因为我是新人。除了马丁,他早已告诉我,我的能力远不止目前展现出来的这些。他认为我只需将内心的能量释放出来。如果突破过去经历的阻碍,我将能如何?世锦赛正是我一探究竟的绝佳机会。

第15章 彻底改变潜在信念

在夜跑中找寻被隐藏的自己

在世锦赛集训营结束后不久，我第二次前往珀斯，争取通过高管培训师资质认证所需的全部测试。我们将花一个星期的时间对资质认证需要完全掌握的单元内容进行评估。同时，培训计划的第二部分内容促进了个人发展，深化了个人转型。我认识到，在促进企业文化转型以及帮助领导者实现个人发展两方面，我能做出多少成绩，取决于我自己作为领导的专业程度。如今我能清楚地观察到当我在尝试升级团队文化时，自动反应行为模式是如何阻碍我的。一旦出现触发因素，我就会自动选择解决问题的模式，在情感上尽量使自己置身事外，在理性上施加控制以确保获得有利的结果。由于我一心只想解决问题，未能照顾到这些行为对人际关系产生的负面影响。想要带领团队实现转变，我就必须克服这些自动反应行为模式，这对成为一名可靠的高管培训师和转型之旅的引导师，同样重要。

在珀斯的课程结束时，我十分沮丧。我认识到自己在工作中存在的种种问题，也认识到我的种种行为习惯和自动反应行为模式全都源自我对没有归属感的恐惧。我之所以会如此看重结果，是因为我需要通过它们来找到归属并建立联系。由于我通过外界因素来定义自己，因此无论是他人对我的印象，还是我自身的恐惧，都会对我的自我认同产生强烈影响。我极度渴望能够从需要外部认可转变为从内部来定义自己。然而想要实现这种转变，我必须推翻我的整个自我认同方式。如果这些外界认可都不复存在的话，那我又将是谁？

令我沮丧的是，上述认知并不能助我分毫。我的领悟力和焦躁情绪阻碍了我，使我迟迟找不到解决问题的办法。这段焦头烂额的日子令我筋疲力尽，每天只想早些倒在床上休息。我能做的只剩睡个好觉，以应对第二天的评估。

长跑启示录　Turning Right

晚上 11 点 45 分，我完全清醒过来。我十分焦虑，根本没睡多少觉。我既担心能否拿到认证资格，又担心在世锦赛上的表现，甚至担心自己会彻夜失眠。为了缓解焦虑，我起床换上了运动服，开始在黑夜中奔跑起来。现在正值午夜时分，星期二即将结束，星期三即将开始，在这一时刻出门夜跑，令人感到莫名振奋。

街道上空无一人，只有一辆警车在巡逻。整个珀斯进入梦乡，我沿着印度洋海岸奔跑，专心听着汹涌的海浪想要告诉我的悄悄话。思绪将我带回到阿德莱德，我想起米克喊出的那句"我们期待你的加入"带给我的巨大力量。想要成为澳大利亚国家队一员的决心驱使着我，使我以微弱的优势获得了 A 级资格。随后我听见了母亲的声音，似乎她就站在离我不远的地方。她向我抛出一连串尖锐的问题："你为什么想要代表澳大利亚？当你住在西班牙时，你想成为西班牙人，可现在你又认为自己是一个澳大利亚人。你和他们根本不是一类人。"我感到我的心跳正在加速，回忆与想象之间的界限已然模糊。于是，我提醒自己重新将精力集中到海浪的拍击声上。

没过多久，我的思绪再度回到了 20 世纪 80 年代家里的旧餐桌上，那时我还在上小学。大多数时候，午餐话题围绕着母亲上午在学校经历的种种不顺心的事展开。在德国，学校的上课时间较早，并在午餐时间结束。母亲是一名教师，她总会将自己与行为不端的学生、傲慢的学生父母或乏味的同事之间未解决的冲突带回家。她也一定会给那些人一点教训：叛逆的学生会得到超低的分数；同事们最好小心她的"暗算"。她最常说的话便是："别让我逮到机会。到时候，我要让他们都后悔。"通常，父亲会以咄咄逼人的方式去解决冲突，而母亲则会选择在别人最意想不到的时候给他们一击。

母亲几乎每天都在以对话的方式给我上课，这些话语无时无刻不在提醒我，必须成为什么样的人才能得到她的爱。每当外婆和姨妈来访，她总会表现出十分明显的极端行为。这些家庭聚会也往往不欢而散。通常情况下，母亲会用几个月不与外婆和姨妈说话的方式来惩罚她们，将我们整个小家庭与大家庭的联系彻底切断。破碎的亲情虽然会随着时间的流逝而慢慢治愈，但治愈后不久又会被再次打碎。

久而久之，我开始在避免母亲的被动式攻击上变得炉火纯青。虽然母亲的冲动与父亲的冲动一样难以预测，但至少我已清楚自己怎么做才不会激怒她。不仅如此，随着我不断满足她的高标准和高期望，我也成为她最喜欢的孩子。我妹妹行事毫无条理，无法讨得母亲的欢心。这就是我们家里默认的规则。虽然我很少惹事，但每当陷入麻烦时，母亲都会以冷战的方式来表达她的愤怒，给我惩戒。那些冷战时光是痛苦而难熬的，似乎总要经历一个世纪那么久才能再次迎来她的温情。

放下过去，重新启航

夜跑中的我思绪飘飞，突然之间我注意到自己已经离家很远了。我沿着海岸跑了20多公里。第二天又是繁忙的一天，如果想在天亮之前睡上一觉的话，那我必须立即转身往回跑。在回程的路上，我不必再逆风而行。我毫不费力地沿着海岸线"滑行"，想着尽量早些赶回去睡上几小时。

我找到解决最后一个问题的关键。我对没有归属感的恐惧并非源自我与父亲的关系，而是源自我与母亲的关系。由于父亲的攻击性十分明显，吸引了我的全部注意力。这种显性的攻击性使我成为一个盲目渴求母爱的人，即便母亲的爱总是有条件的。

我渴望着母爱，因为我永远都无法得到父爱。母亲成了我的榜样，我的行为方式也愈发与她相似。在小学时,我就开始模仿她处理冲突的方式。在我与最好的朋友劳拉发生争执的那个夏天,我将她从生活中彻底推了出去,再也没有和她说过一句话。我以这种方式来发泄愤怒。母亲为了防止我变得像父亲那般咄咄逼人,付出很多努力并且取得了很好的效果。然而,我虽然没有像父亲那样暴躁易怒,却选择了和母亲同样的以被动式攻击的态度去处理问题。

一直以来,我定是害怕她会在我无法达到她的预期时将我抛弃。如果她真的将我抛弃,这会是一个无法估量的风险,也是一个我根本承担不起的风险。我自然而然地认为,我能通过变得更像她来获得她的爱。她成功地示范了如何自保,所以我也有样学样地将内心武装起来,将自己保护在理智的盔甲之中。直到现在,我仍背负着儿时的种种信念:"我只能靠自己。""世界充满敌意。""我不能相信任何人。""我必须成功。"我学会了独立,学会了解决棘手问题,也学会了如何在我为之努力的领域获得成功,然而我的缺点在于控制欲过强,无法信任他人,以及缺乏同理心。

我逐渐掌握了能够有效应对家庭环境的技能。父亲的暴力行为,让我认识到保持卑微姿态是危险的。外面的世界如此不安全,我便学会了坚强。在青春期后期,我终于为母亲和我自己挺身而出,结束了父亲的家庭暴力,那是一段难忘的经历。从那时起,我终于摆脱了受害者的身份,并设法推动自己前进,奔向新生活。虽然这种信念给我带来了成功,但也使我感到无比疲惫、沮丧和空虚。

母亲则以她的行为模式让我懂得,想要被爱并不安全。与他人产生的任何互动和联系都有其代价,而爱的代价是让他人掌握你的弱点,这种代价太高了。因此一旦我越界,母亲便会以被动式攻击的态度来孤立我,惩罚我。当身处孤独之中,我逐渐发展出一种置身事外、客观冷静的思维方式,并且逐渐变得"独立"起来。在整个成长过程中，我周围的人都有一颗封闭的心，所以我也从未学会如何打开内心。我不断以理性思考的方式来与他人保持距离，避免感同身受，这使我变得越来越难以信任别人，更不用说爱他们了。

我觉得是时候放下过去，重新启航了。但关键的问题在于，如今的我想要成为谁？我拥有了哪些想要实现的新价值观？我沉浸在海浪拍打间的寂静里，有一种沉疴顿愈的感觉。我想象着母亲和父亲正站在面前，平静地看着我。母亲开口道："我们是你的归属。一直都是。我们爱你。"父亲点了点头。喜悦的泪水溢满了我的眼眶。我终于拥有了无条件的爱。

我终于明白，无论是面对拒绝，还是面对没有归属感带来的痛苦，我都应怀有一颗慈悲之心。以慈悲之心去理解父母、他人和自己。只有用这种方式，我才能摆脱自动反应行为模式。妖魔化我的父亲和母亲是不恰当的，这只会让我陷入困境。他们同样背负着他们自己童年的创伤，但毫无疑问，他们自始至终都爱着我。以慈悲之心去理解他们，并不是指我必须忘记过往，将痛苦推开。我的心态发生了变化，如今我能够原谅所有人，不再怀恨在心。

当我以一种全新的眼光回顾过往时，往事的含义发生了变化。父母的意图绝不是要伤害我，他们以自己仅会的方式做出了最大的努力。并且只关注父亲暴力的一面是不公平的，他同样有关心我的一面。我之所以会拥有与母亲类似的性格，他是其中的关键。为了与他抗衡，我才发展出各种能力；而他坚定的决心，也曾是我的救赎。

在母亲怀孕时，我在她子宫里躲了很久，或许那时的我并不想出来看看这个世界。在过了预产期足足两个星期之后，我仍没有任何要出生的迹象。当时我们住在罗马尼亚，按规定，如果是第一次怀孕的话，即便过了预产期，主治医生也不能进行剖宫产。通常来说，妊娠期超过预产期两个星期是医生和助产士能够准许的最长时间。父亲既焦虑又担心，于是他想出一个"贿赂"医生的办法。他在一个星期六买了两瓶伏特加，并成功说服了医生。在星期日日出之前，我就通过剖宫产降生了。当我出生时，所有人才震惊地发现我的脖子被脐带缠绕住了。如果是自然分娩，我很可能无法存活下来。也就是说如果不是父亲，我很可能因窒息而死，或者因缺氧而残疾。

跑了3小时后，我回到了住处。距离跑完一场完整的马拉松只差几百米。我关掉手表，心满意足地结束了今晚的运动。什么都不需要了。我不再害怕，甚至不觉得只差几百米就可以完成一场完整的马拉松，这有什么可遗憾的。在过去的3小时里，我获得了许多关于自身的宝贵领悟。是时候告别过去，奔向未来了。我不会再让儿时的经历成为我的枷锁，也不会让任何人来定义我必须成为什么样的人，连我父母这般重要的人都不可以。从今往后，我生命的篇章将由我自己来撰写。

洗完澡回到床上之后，尽管累到筋疲力尽，但我仍兴奋得无法入睡，这是我有生以来第一次发自内心地奔跑。我终于理解了马丁在集训营上表达的意思。如今，我已经体验到了它所带给人的感受和力量。

尽管前一天夜里，我不仅过度运动而且又没睡上多少觉，但我感觉自己一整天都精力充沛。我无须将精力全都花在自律和提升意志力上，这简直像是开启了通往新世界的大门。最终所有来珀斯参加转型课程的人员全都顺利结课，并拿到认证。不论是参加世锦赛，还是发展领导力，我都将以"发自内心"作为指路的明灯。一直以来，我都没有在人际关系、同情心以及付出无条件的爱上倾注过太多精力。将精力集中于解决问题，的确让我获得了成功，但我相信将精力集中在建设人际关系上，将能为我解锁一个全新的世界。

第15章　彻底改变潜在信念

接下来的几个星期飞逝而过。10月底，我和丽贝卡抵达法国图卢兹，打算在附近的阿尔比市举行的世锦赛开始之前，利用几天时间来熟悉一下当地的环境。我们游览了一些地方，并与专程从德国赶来为我加油的库尔特叔叔见了面。库尔特叔叔非常兴奋，他说他可不愿错过这次参与我生命中重大赛事的机会。

比赛前一天，我们安排了充实的日程：参加一系列团队赛前简要会议；参加正式开幕式；检查后援队的帐篷和熟悉赛道；其他我们必须完成的准备事项。我在电视上收看过许多令人印象深刻的大型国际活动的开幕式，如今我自己也以比赛选手的身份置身其中，这简直令人不敢相信。当我站在阿尔比的街道上时，身边是大约400名运动员以及他们的后援队成员。好似我们全都在参加一个大型的学校露营活动，但不同的是，这一次我并不觉得自己是一个局外人。

比赛当天早晨，我在闹钟响起之前就醒了。通过此次比赛，我会了解我在多大程度上挥别了过去。此行的目的不在于输赢，而在于发自内心地奔跑。

与自我的对话 TURNING RIGHT	- 你是不是正在逃避一些事情？ - 你抱有哪些限制性信念？为什么这些信念对你而言如此重要？ - 你目前最希望克服的挑战是什么？

265

TURNING RIGHT

INSPIRE THE MAGIC

第 16 章

在世界的舞台上实现自我

只有不再靠外界的认可来证明自我价值、满足对归属感的渴求,我们才能真正获得自由。

第 16 章　在世界的舞台上实现自我

> 当你将心打开一点，你开始拥有直觉；当你再打开一点，你会得到灵感……当你将心完全打开，你将获得神圣的启示。
>
> ——约翰·德马蒂尼（John Demartini）
>
> 作家、演讲家、商业顾问

我站在起跑线上，置身于世界顶尖参赛者之中，等待发令枪响。我引以为豪地穿着澳大利亚队队服，沉浸在激动人心的氛围中。今天是一个万里无云的炎热秋日。我不由得回想起在武汉的那场比赛，许多运动员因天气过于炎热而未能完成比赛。

今天的 1.5 公里环形赛道从田径场的塑胶跑道一直绕至体育场馆。站在我旁边的是来自美国队的卡米尔·赫伦（Camille Herron），她宣称在这次比赛中自己的目标是打破女子世界纪录。虽然我不太可能打破任何纪录，但我相信自己能够顺利完成比赛。我的目标是与自己建立联系，信任自己。

长跑启示录　Turning Right

在世锦赛的跑道上飞翔

几秒钟后,我的信心便遭受了打击。就在发令枪响前,我的手表开启了定位功能。我明明记得自己已经关掉了该功能,因为一直开启该功能将会导致电池电量在比赛结束前耗尽。这下出问题了。"砰!"——发令枪响起,选手们开始在第一个弯道上拔足狂奔起来。我没有时间来解决这个问题了,所有人都在奔跑。当我边跑边盯着手表时,不停有选手超过我。

距比赛开始已经过了大约 30 分钟,我仍在一心二用。我一边不停地调整手表,一边寻找合适的跑步节奏和速度。我屡次尝试关掉定位功能,均以失败告终。这下我不仅与自己建立了"联系",甚至连关都关不掉了,真是讽刺!

然而令我惊讶的是,这种情况并没有让我感到不安。我聚焦在当下,只是好奇为什么这项功能无法关闭。我还记得在克赖斯特彻奇那场比赛中,弗里曼告诉我:别再理会手表,专心跑步。没错,别管这破手表了。我才不会让这点突发状况影响我的整场比赛,更不会让自己受失控的恐惧支配。是时候相信我的直觉了。

我将手表关机,然后突然意识到这点突发状况反而使我因祸得福。我可能需要这场混乱才能将精力集中在当下。如果从比赛开始一切都十分顺利,那我很可能会进入自动反应行为模式,从而陷入困境。经历这一小小波折,我反而能够放下过度思考和担心,相信自己的直觉。反正我们都能在超大的体育场屏幕上看到自己每一圈的分段成绩和排名,我现在需要做的只剩跑步,以及在跑步中进行战略性的步行休息。

我想起马丁在集训时鼓励我们的话:带着一颗感恩的心去跑。无论是对能够身穿金绿色的澳大利亚队服参赛,还是对使我有机会参加世锦赛的种种经历，我都心怀感恩。如果没有经历克赖斯特彻奇的惨败，我或许无法解决这次手表出故障的小插曲。如今的我，早已学会了如何在没有跟踪设备的情况下完成比赛。相信自己，便能找到出路。

过去的种种经历塑造了如今的我，我感到自己形成了一种自豪又谦卑的健康心态。我付出许多艰辛才练就这种心态，此时是我享受自己劳动果实的时刻。每次我经过澳大利亚后援队的帐篷时，后援队的成员们都会为我加油喝彩，我也积极地互动，回馈他们的热情，每当我在赛场上遇到队友时，也会积极互动，甚至我与许多来自其他国家的选手也会彼此加油。我看到了很多熟悉的面孔，他们都是我在以前的比赛中认识的人。虽然我是一名世锦赛的新手，但我并不觉得自己像个局外人。我属于这里。这种体验与我在阿德莱德比赛时的体验完全不同。

我肯定是被热情冲昏了头脑。过了一小时，马丁举起一个牌子，上面写着要求我们减速的明确信息。气温越来越高，只有聪明应战，才能得到更多回报。我听从马丁的指示，将速度降了下来，但也注意到其他参赛者似乎并未减速。在200名男选手中，我跌到102名，成为澳大利亚跑得最慢的选手。但我已在中国精英赛中目睹了许多选手放弃比赛，所以我相信以这种保守策略来应战是更明智之举。虽然我周遭都是一群精英参赛者，但这并不意味着每个人都能做到"向女性参赛者看齐"。

在比赛中，我从未感到过无聊。我不仅将精力完全聚焦在当下，而且感觉自己像是一名观赛者。一件件激动人心的事吸引我关注比赛的进程。卡米尔正在以极快的速度奔跑，一心想要实现自己的目标。每隔45分钟，她就会超过我一圈。这种状态一直持续到"便便事件"的发生。下午的太阳炙烤着我们，卡米尔再次从我身边冲了过去。我注意到她的短裤脏了，并意识到她的消化系统出了严重问题。当她再次将要从我身边经过时，我还没看到她人，就闻到了她身上的气味。她的状态简直糟糕透了。可她在一心一意地完成目标，并没有表现出要休息一下、换上干净短裤的样子，甚至连腿都顾不上擦一下。

一时间，我替她感到尴尬。小时候，我特别害怕人们发现我晚上尿床的事情。大白天在众人面前大便失禁，简直是我想都不敢想的事情。但卡米尔选择无视这种尴尬局面，这令我无法理解。她难道不想维护自己的尊严吗？但紧接着，我意识到我根本无权对她做任何评判。我曾害怕别人在发现我尿床之后会嘲笑我，而当下我自以为是地为她感到丢脸，这与那些我所害怕的嘲笑并无二致。我不需要将我的羞耻感投射到她身上去。在这种情况下，理解和同情是比评判更合适的反应。

或许，这也是当我在学校露营时尿床后其他同学的反应。一连好几个星期，我都害怕面对来自同学们的嘲笑。直到像是过了一个世纪那么久之后，我才最终确定自己已经成功躲过一劫。然而事实并非如此，其他同学一直都知道这件事。因为在很多年后，我最好的朋友将事情的真相告诉了我。

那晚我是宿舍中第一个睡着的，这导致我成为其他同学恶作剧的主要目标。他们将我的双手浸入装有温水的容器中，知道这种刺激会使我尿床，而我的确没有让他们失望。可我至今仍无法理解的是，他们为什么在大费周章达成目的之后，却选择不去揭穿我或嘲笑我。或许就是出自理解和同情，如今轮到我将这份理解和同情传递给卡米尔了。

我不希望她或者任何人，经历如此尴尬的境地。虽然卡米尔一脸坚定的模样，但毋庸置疑，在力争打破世界纪录的征途上，她同样有着脆弱的一面。她是一位可爱的女士，我为发生在她身上的事情感到难过。身为参赛者的我同样担心她的身体状况可能会导致她无法达成所愿。距离比赛结束还剩

12个多小时,卡米尔不再一圈一圈地超过我。我们在赛后得知,由于赛事主办方的干预,她在大便失禁后很快就换上了干净的衣服。起初美国队拒绝喊她下场换衣服,但赛事细则中明确规定了参赛选手的队服必须干净。

我能做的只有专注于自己的比赛。当阿尔比的夜幕降临时,我成为赛道上速度强劲的参赛者之一。我对夜跑之道谙熟于心,如今到了我展现实力的时候了。我不再需要冷感头巾来保持凉爽。我在体育场里梦幻般的泛光灯下奔跑,排名逐渐上升。正如我所料,许多参赛者因早期跑得太快而受到了影响。许多人开始以走代跑;有些人甚至看起来毫无生气,像是跋涉在一条漫长的死亡之路上。大家的普遍策略是跑累了就走,我却反其道而行之:为了避免自己跑太累,我从一开始就穿插实施以走代跑的策略。这一策略行之有效。当下我正在赛道上疾驰。我很好奇双腿在感到累之前能带我跑多远。但此时此刻,我在飞翔。

"据理力争"

午夜过后,我逐渐对排行榜所显示的结果感到困惑。虽然我不断超越其他选手,但我在排行榜上的名次反而下降了一名。这根本说不通,应该是有一整圈的距离没有算进统计数据里。尽管我处于睡眠不足的状态,但我依然认为自己的判断没有错。在世锦赛上无法使用手表是一回事,距离测算系统的结果不可靠则是另一回事。后者是不可接受的。我开始生起气来。

我感到有一种类似于在"便便事件"中感受到的自以为是在心中再次升腾起来。我跑得很好,因为我无须思考。一旦我心烦意乱地切换到解决问题的模式,就有可能会毁掉整场比赛。但我决不接受自己辛辛苦苦跑下来的圈数不算入成绩。

长跑启示录　Turning Right

当我再次经过后援队的帐篷时，我将这件事告诉了丽贝卡，并让她转告马丁去调查此事。我没有细想，只是跟随直觉选择放下控制权。我们是一个团队，并且我和丽贝卡都没有能力处理好这件事。为了不再让此事影响心神，我必须相信团队，寻求团队合作。无论是在处理距离测算问题上，还是在与赛事主办方打交道上，马丁都有着丰富的经验。这正是处理问题的平衡之道：我既可以选择主动出击，也可以选择顺其自然。无论他在这件事情上处理的结果是什么，我都会接受。

有了这样的想法我立刻感觉好多了，如释重负地奔跑起来。过了不久，我便在距离测算工作人员的帐篷里看到了马丁。不到半小时，排行榜上就显示出了我的正确圈数。对马丁的支持，我表示由衷的感谢；对自己没有因负面想法而陷入困境的应对方式，我也感到很满意。负面念头很容易一步步将我拉入黑暗的深渊，我绝不想陷入那种境地。这件事证实了我可以相信自己的直觉，在无须思考的情况下同样能找到合适的解决方案。这一波折反而让我在日出之前的最后几小时动力满满。

我不再担心排名的事情，整个人处在一种深度冥想的状态，没有任何担忧，只剩纯粹的意识和喜悦。我的意识提升到另一个层次，我变得信赖直觉。几位彻夜未眠的忠实观众给了我很大的动力。就连我叔叔也牺牲了睡眠时间，彻夜为我加油。每一圈，与丽贝卡和其他澳大利亚后援队成员之间的有趣互动，都能令我的精神再度振奋起来。我处在一种纯粹的参赛状态，完全聚焦在当下。我不再需要告诉自己放下自我、全神贯注。当肌肉没有在运动时，会立马进入放松状态，但我的身体十分冷静，每一块肌肉都协调地配合着，这一切使得跑步和行走变得轻松顺畅。

"发自内心地奔跑"的最佳状态便是如此。我终于不再以一贯的方式去对世界做出判断，而是遵从并接受让一切顺其自然地发生的客观事实。虽然

第 16 章　在世界的舞台上实现自我

这使我处在一个毫无防护的脆弱状态，但矛盾的是，这种脆弱却使我立于不败之地。我没有任何恐惧感。我只是身处神秘之中。我当下的状态超出了理性所能理解的范围。从逻辑上讲，这根本说不通，但我确确实实在亲身经历，与自己的联系和信任足以护我周全。

我能做的就是完全不去思考。因为我不再思考，所以没有任何念头能够控制我。我处在一种节奏稳定、身心和谐的状态，但我周围的大多数选手都出现了体力不支的情况。可惜的是，我的大多数队友也都放慢了速度，我只能在经过他们身边时为他们加油打气。

我预计自己在比赛的后半段会后劲不足，那时只能以慢得多的速度奔跑。这是我一贯的模式，也属于此类长赛时马拉松赛中常见的模式。然而令我感到困惑的是，疲惫感迟迟没有出现。我在前半段比赛的速度只比阿德莱德那场比赛的速度快一点点，而在后半段比赛我却以更快的速度前进。我展现出了不同的比赛心态。以这样的速度继续下去，突破 250 公里也不是没有可能，甚至可能还不止。

天亮后，赛道周围逐渐恢复了生气。我能够闻到从附近飘来的刚刚烘烤出来的羊角面包的诱人香味。夜间去帐篷休息的参赛者又再次回到赛道上。那些刚开始跑速太快或者跑得太累的选手都已经休息好，但只有那些坚持跑完 24 小时的选手才有可能获得靠前的排名。那些睡了一夜好觉又再次回到赛场观赛的观众们，开始以饱满的精神为我们加油呐喊。赛场上挤满了人，我们还有足够的时间去拼一下最终成绩。所有选手都开始拔足狂奔起来，试图在比赛结束前尽可能多跑一些距离。

运动场上的播音员宣布卡米尔即将打破女子 24 小时超马世锦赛的世界纪录。一整晚我都没有与她相遇，因为我们一直在赛道两侧以差不多的速度奔跑。如今，创造新世界纪录的目标即将实现，卡米尔精神振奋地冲刺起来。能够亲眼见证这样一个历史性的时刻，我深感荣幸。我试图跟上她的步伐，可她跑得实在太快了。我也加快了速度，直到极限。

挥别自我设限的过去

德国国家队的顶尖参赛者之一费利克斯追上了我，并鼓励我跟上他的步伐。这就好比搭上顺风车，我受到他的激励，借助他的力量不断前进。去年，我有幸目睹他在澳大利亚参加的一场24小时耐力赛中，跑出令人难以置信的260公里的成绩。不仅如此，那时他在比赛的最后几小时里仍看起来精力充沛。不过在此次比赛中，费利克斯整个晚上跑得并不顺利，否则他远不止现在这个成绩。离比赛结束只剩下几分钟了，所有的不顺利都被抛在了脑后，他打算接受一项无私的挑战，那就是助我发挥出最佳水平。我借着他的劲头，跟随他的步伐拼命坚持着。比赛进入尾声，我累到几乎连话都说不出来了，呼吸也变得极其沉重。我不再步行休息，因为离比赛结束不远了。

灿烂的晨光照耀着整个赛道，我们追逐着自己长长的影子。费利克斯一定是在脑子里快速算了一下，他冲我喊道："你这次肯定能突破260公里。让我们加速实现这一目标吧！"刹那之间，恐惧控制住了我。这是在此次比赛中我第一次感到害怕。我不想做任何我可能会失败的尝试。我此前的个人最佳成绩是240公里，如果此次比赛我能拿到明显超过250公里的成绩，我就很满足了。我并不知道自己已经跑了多少公里，只能回答道："我做不到。实力不允许。""功利小人"回来了，按下了"自我保护"的按钮。

弗里曼再次浮现在我脑海里。他平静地看着我，问我为什么又要自我设限。他说得没错。我此行的目的何在？我并不是为了获得荣耀，而是为了超越内心的极限。结果本身并不重要,重要的是我的心态。"功利小人"总是害怕上升到新的高度,害怕会因离太阳太近而失去翅膀,惨遭坠亡。在它看来,这种悲剧是不可避免的,只是发生的早晚而已。母亲理性的声音将我拉回地面,保护我不会因飞得太高而坠落。然而"探索者小人"并不理解那些恐惧。这正是两个"小人"之间的根本区别:一个根本不在乎飞得多高;另一个却总在害怕飞得太高。当"功利小人"掌控大权时,我离陷入困境就不远了。我需要做的是让"探索者小人"做主。

心中有个声音诱惑我说:没有人会发现我的弱点。另一个声音则反驳道,通过向黑暗屈服来逃避自身的影子是行不通的。我必须面对影子,成为自己想要看到的光。在我的双肩上同时站着魔鬼和天使,究竟听谁的则取决于我。

我开始加速。我来到这里是为了尽我所能,更重要的是我需要挥别过去,结束自我设限。我成功解决了手表故障问题和圈数不对问题,甚至放下控制欲,与整个团队开展了有趣的互动。那么我为什么要在最后关头剪断自己的翅膀?我要做的就是相信自己、全力奔跑。我获得的成绩将是我实力的体现。也许我能够突破260公里,也许不能,这都不要紧。我尽可能地借助费利克斯的力量。他在最后几圈离开了我,沉浸在赛事尾声的氛围之中并且全力向前奔去。这已足够,他为我提供了意想不到的助力,我已经深怀感激。随着他以惊人的速度起飞,我也展开了翅膀。母亲,看,我在飞!

我整个身体产生了莫名的感觉。我感到广阔和轻盈,双臂微微刺痛,身心相连;周遭的一切将我托了起来;我脑中嗡嗡作响,一种令人愉快的头痛出现了,令我产生一种无边无际的感觉。我似在太空中漂浮。这种身体的感觉与一个安静、宽广、空旷、寂静并聚焦在当下的内心状态携手前行,我的内心不再对任何事情做出评判,只是单纯地接纳我所观察到的一切。自我意识消失了，我甚至不知道是谁在移动我的双腿。双腿并不是在被动地奔跑，而是在毫不费力地前行。当我放松下来，任由自己进入充满不确定性的秘境之中时，所有动作都开始变得自然顺畅。

一种深沉的幸福在我内心之中涌现出来。这是来自当下的喜悦。我的内心一片澄澈清明，没有任何问题需要解答。所有概念和理论都消失了。没有过多期望制造的障碍。日常生活的重担已经从我的肩上卸了下来，因而让这种不同寻常的体验成为可能。一切归位。极致体验的本质超出了我所知晓的一切逻辑和规则。然而当它发生之时，却没有任何神秘可言。这种体验并不仅仅是一种暂时的情绪，而是一种存在的状态。当我抛开所有自我保护和控制后才发现，生活原来可以这般美好。

倒计时还有最后 5 分钟，我全力冲刺。在整场比赛中，我都没有跑这么快过。我希望自己能在结束时尽可能离澳大利亚后援队的帐篷近一些。如此一来，我就可以少走些路"回家"。没想到，我甚至已经冲过了澳大利亚后援队的帐篷。几秒钟后，号角响起，比赛结束。

我将身上的标识物递给工作人员，以便他们测量我的准确成绩。与此同时，我身上的每一块肌肉也都放松下来。幸运的是，一位好心的新西兰队成员给了我一张椅子，让我坐下，否则我定会摔倒在地。我坐在他们后援队的帐篷前，丽贝卡跑过来拥抱我，递给我水和暖和的衣服。我们拍了张照片：我幸福地坐在椅子上，对着镜头微笑，并将澳大利亚国旗举在身后。这真是一场完美的比赛！

接下来，一场"企鹅游行"开始了。一群行动笨拙又不会飞的参赛者步履蹒跚地走向开往酒店的巴士。尽管我们之中许多人几乎连走路都走不动，但我依然感觉内心欢喜，如置身九重天。我们澳大利亚男子队获得了第

5名，没能登上领奖台，但这丝毫没有让我们不开心。

这一届世锦赛的竞争格外激烈，许多国家都取得了令人惊叹的成绩。想要在下次比赛中挤进前三，我们需要变得更加强大才行。澳大利亚女子队获得了第 11 名的好成绩。我们每个人都在自己的战场上竭力奋战，同时也做到了相互支持、全力以赴。

我仍无法相信这一切。马丁给我带来一个好消息：我获得了男子组的第 11 名，总共跑了 259.67 公里。他之前就曾预言我能取得这样的好成绩，那时我根本不信他的话，因为这几乎是不可能的。在整场比赛的后半段我几乎没有减速。我不仅跑出了有史以来在世锦赛上澳大利亚参赛者的最佳成绩，甚至跑出了有史以来在 24 小时耐力赛上澳大利亚参赛者的最佳成绩。马丁给我报出的一串串数据简直令我头晕目眩。

最后一项数据是：我以 189 米的微弱优势超越另一位卓越的参赛者，从而成为该比赛中澳大利亚历史上排名第 4 高的选手。这一骄人的成绩有一半的功劳属于马丁。他会因此而自豪吗？或许除了自豪，还有一点伤感，因为这一成绩意味着，他在澳大利亚的历史排名中下降到了第 5 位。对我而言，这一串串数据自然令我倍感骄傲，但它们都没有反映出此次我参加比赛的精髓：我发自内心地奔跑了。

一位参赛者问我，为什么不能再多跑 330 米，突破 260 公里的大关。对此我只能说，我已经很满足了，因为我已毫无保留。完成里程碑式的目标太过武断，它只能吸引我内心的"功利小人"。我曾一次又一次地体验过，任何成功都无法满足自我的欲望。但我在这 24 小时的比赛中体验到了满足，其中的奥秘就在于：在那些原本我能轻易向黑暗妥协的时刻，我坚持选择光明。

长跑启示录　Turning Right

关键在于去"存在"

第二天当我醒来时,明媚的阳光正试图透过窗帘照射进来。太阳缓缓升起,我在饱睡一晚之后正打算起床。毛巾和备用衣物还叠放在床边。昨晚还是我有生以来第一次在一场大型比赛后没有在睡梦中大汗淋漓地醒来,然后半夜起来换衣服。起床时,我发现我的脚踝甚至没有出现肿胀的状况,甚至我无须借助双臂支撑就可以自己站起来,轻松地走到洗手间。但走路使缺失的脚指甲和一个巨大的水泡更加疼痛,这证明我并不是在做梦。疼痛将我拉回了现实。

我想进一步测试双腿的感受,于是慢慢走下三层楼梯。虽然双腿的肌肉酸痛,却远没有想象中的僵硬。楼下已有一半的队伍成员围坐在一张大圆桌旁。我很饿,酒店的餐厅为我们提供了丰盛的自助早餐。我享用了新鲜的水果、松脆的法式芝士长棍面包、美味的可颂和一大杯热巧克力。我终于不用再喝运动饮料,也不用再吃香蕉、咸薯条或者即食土豆泥了。

在接下来的一小时里,几十个人问了我相同的问题:"你感觉如何?你的秘诀是什么?"一言以蔽之,我发自内心地高兴。我仍有一种挖到巨大宝藏的强烈兴奋感,同时我的内心又有一种非常真实的平静感。这种平静感既没有因身体的过度疲惫而消失,也没有因比赛的意外成就而膨胀,即使在认识到它转瞬即逝的本质时,我也并未感到任何不适。

然而,想要向人解释清楚我为何会实现如此巨大的飞跃,却并非易事。并不是因为我自己不明白,相反,我知道得很清楚,只不过很难用其他人能够理解的言语来表述这一奥秘。我如何才能将如此模糊的事物表述清楚?我之所以实现了飞跃,是因为我的意识发生了转变。人们只关注到我能力的提升,却因此错过了见证奇迹。我放下了一个为我设下太多限制的旧身份,这让我能从更广阔的视角去看待问题。我不再试图通过外部的解决方案来消除问题和不适；我已经学会了如何倾听内心之声：我的直觉。面对人们的提问，我给出了一个更简短的答案：我已经掌握了如何用心奔跑。

但人们关心的依旧是，我在备赛过程中做了哪些特定的跑步训练。我不想让解释变得高深莫测，甚至"有点疯狂"，但许多提问的人似乎都会错了意，并未理解我试图表达的本质。关键不在于去"实现"，而在于去"存在"。在面对看似无法解决的困境时，我没有将精力聚焦在提升技能上，而是要认识到自己需要成为什么样的人。

每一个适应性挑战都要求我们提高意识层次，从而更加自如地应对这个混乱世界中的紧张局面。然而我们将太多精力花了横向发展上面。当我们实现垂直提升后，一切都将随之改变。我的心态已然从"以避免失败为动力"转变成"以获得成功为动力"。

想要实现这一转变，就必须"右转"。我曾过度拓展自己的优势领域，直至优势变成弱点：不论是依靠聪明才智，还是在情感上与他人保持距离，抑或是相信成功是解决一切的办法。为了摆脱困境，我需要打破现状、接受挑战、应对挫折和理清困惑。我参与的比赛以及及获得的成绩，让我学会了接受一套更为强大的价值观：理解、联系和信任。而我对自己的定义也随之变得不再固定，并逐渐消失。

令我最为惊喜的地方在于，通过放弃自动反应行为模式，我节约了大量精力。意识层次的转变让我比三个月前在阿德莱德的比赛中多跑了近20公里。我树立新的心态，不再受恐惧支配，而是受目标驱动。因此只需要一小部分精力，便可以获得更加卓越的成绩。

不过，比赛刚结束不久，只关注比赛结果的诱惑就已经出现了。我可以观察到一个重复的模式。放下自我对成功和归属感的渴求，就能获得惊人的表现。但是，为了成功而压制自我的需求是永远都不可能持久的。自我过于强大、狡猾，它最终只会把成功的功劳纳入囊中。只要有一线希望，它就能满血复活并卷土重来，并会因为收入囊中的每一项成就而变得更加强大。即使遇见奇迹对此也无法产生影响，因为自我会认为遇见奇迹同样是它的功劳。

我内心的"功利小人"只是想要保护我，确保我的安全。它的力量时长时消。当压力大到令人无法忍受时，我会更倾向于以自动反应行为模式来应对问题。然而将"功利小人"视为敌人，与之对抗，必将导致灾难。分裂是它最擅长的武器，我根本无力一战，如同我根本无法逃脱它的势力范围那般。

然而在世锦赛中，我已经体验到事实并非总是如此。我内心的"探险者小人"已经变得越来越强大了。如果此番旅程并不是为了对抗"功利小人"，而是为了接受它呢？每当它想要在压力情境下掌控大权时，我便借机拓宽意识层次。当我认真倾听它想要说的话，并将精力集中于当下时，它所有的破坏力量便消失殆尽。

或许，所有挑战的目的并不是要迎接更多光明，而是更好地适应黑暗？为什么不能承认不同的"小人"都是组成整个"我"的一部分？多年以来，我一直想尽各种办法积累各种"心理工具箱"，好让我能更好地应对黑暗。这场"仗"我打得实在艰苦。通过"右转"挑战自己获得的最终回报并不是更强大的力量，而是随着意识层次的不断提升，我能够在身处黑暗之境时不被湮灭。

我愈发认识到，自我的概念一开始是空洞无物的。我对自我认知产生的不安全感，使它逐渐成形。它只不过是一种膨胀的自我意识；当我不断通过控制局面，疏远他人来对抗恐惧时，它便获得合法地位。每当我将自己从限制性的信念和潜在的恐惧中解放出来时，内心的"功利小人"就少了很多控制权，从而为"探险者小人"腾出更多成长的空间。通过活在当下，以耐心和爱对待他人，就能找到一条释放自我之路。我再也无须对抗任何事、任何人。

这便是整场冒险之旅的关键所在：我将自己从失控的内心中释放出来。刚开始，我追寻"魔力"只是为了实现自我提升；但后来，这场旅途逐渐演变成对自我身份认同的升级。跑步之旅让我学会了如何放下自我，不再以成功来定义自己；成为培训师之旅则让我更进一步认识到只有不再靠外界认可来证明自我价值、满足对归属感的渴求，我才能真正获得自由。

放手的悖论在于，放手反而能使我们将命运掌握在自己手中。展望未来，放手为我追寻自己的生命目标创造了空间，使我能回应神秘的召唤，不断探索未知。此生，我究竟想要做什么？我感到一种未曾体验过的生活在等着我，等着我赋予其意义。这种生活就在我家门口等着我，我只需在花园门口"右转"，便能踏入其中。

走向下一个转折点

丽贝卡和我不得不提前与团队其他成员告别。接下来的一个星期，库尔特叔叔将我们接到了他在法国波尔多附近的度假屋里度假。错过与马丁道别的机会，这令我十分遗憾。他在离开前给我发了一条信息。当我读这条信息时，我意识到马丁和我一样习惯反思：

长跑启示录　Turning Right

　　和你共事的这段日子真是太愉快了。你的热情、决心和毅力、对学习的渴望以及勤奋，为你带来了巨大的成就；很少有人能够理解，实现这些成就有多么困难。你的比赛经历堪称超越自我的完美案例。你以独特的方式跳出自己的自动反应行为模式，每时每刻都闪耀着光芒，获得130公里和129.7公里的分段成绩，这实在太不可思议了！

与库尔特叔叔在一起的那一个星期过得太快了。我没有跑步，而是享受了大量法式美食，喝了叔叔酒窖里的许多葡萄酒。不可避免地，假期终会结束，我们即将重返工作岗位。

几天之后，我们便登上了飞往澳大利亚的航班。我坐在狭小的经济舱座位上，虽然飞机飞行在亚洲上空数千米的高空，但我却有一种脚踏实地的感觉。我的视角发生了变化。多年以来，我第一次对重返工作充满期待。第一个在职场中的转型悄然萌芽。令我心生安慰的是，选择另一条职业发展之路并不意味着我在逃避什么事情，而意味着我在主动追求我的目标。在创建自己的企业以及指导他人转型的过程中，我将面对无数令人生畏的转折点。

我认识到自己无须再通过跑如此长的长跑来激发"魔力"。面对挑战时，所有人都能够激发出内心的"魔力"。没有需要学习的技能或者知识，只要我们聚焦于当下，"魔力"便会自然而然地出现。我通过跑步学会了如何聚焦在当下，还有许多其他方式可以选择，而其中大部分方式比跑步要轻松得多。在我参加法国世锦赛之前，我的一名直属下级理查德·洛（Richard Lowe）就找到了自己的方式，成功挖掘出他与生俱来的"魔力"。那时我正在不断克服自己在与团队打交道时的自动反应行为模式，理查德与我分享了他的一个在周末发生的故事。这个故事让我看到了希望，让我认识到我和团队的关系正处于即将"右转"的转折点。

第16章　在世界的舞台上实现自我

理查德来自英格兰，他喜欢踢足球并且是当地足球俱乐部的成员。那时该俱乐部在举办一场重要的常规赛，两队正在争夺冠军。直到比赛的最后几分钟，两队的比分依然持平。平局似乎在所难免。当理查德的球队获得罚球机会时，局势突然发生了变化。球队中的每名球员都在为自己球队有机会获胜而欣喜若狂，因为这意味着他们向参加英超联赛迈出了一大步。与此同时，主裁判正在等待球员踢点球，而他们球队中的所有人都在面面相觑，迫切地希望有人能出面勇挑大梁。

那一刻，理查德突然想通了我几个月以来一直在团队中谈论的主题：要以成功为动力，而不以避免失败为动力。这句话不再是理论框架，他体验到其真实的内涵。他不再多想，带球上前了。理查德满脸骄傲地看着我，等着我的反应。我迫不及待地想听到故事的结局，于是赶忙问他是否进了球。他的回答是："进没进球根本不重要。重要的是我敢于上前。"

我一度失语。那时我与团队成员的互动陷入了痛苦的循环之中，已经几个月没有任何进展。虽然我一遍又一遍地告诉自己，我必须认识并接受团队的现状，而不要将自己的期望强加到他们身上，但我们之间的互动已经连续几个星期毫无成果。出乎意料的是，其中一名成员突然"右转"了。理查德的故事已证实，当人们有勇气挖掘与生俱来的伟大"魔力"时，奇迹就会自然而然地出现。

无论是需要在即将到来的转折点"右转"，还是需要打破重复式的自动反应行为模式，理查德显然都已能应对自如。一股暖流充斥着我的内心。更值得注意的是，理查德没有将注意力集中在结果上。

多年来，我一直想将"魔力"传递给其他人，结果却发现，这些人最终成了让我实现自身转变的助力者。这不是很有趣吗？我的团队让我成为一名

长跑启示录　Turning Right

更优秀的"企业运动员"。在停顿了很久之后,理查德补充道:"是的,我进球了!我们队赢了。我仍然无法相信作为德国人的你,居然教会了作为英国人的我如何赢球。"

与自我的对话
TURNING RIGHT

- 你认为自己对这个世界的贡献是什么?
- 是否有某种你未曾体验过的生活正在等着你赋予其意义?

后 记

你永远都拥有选择权

> 有时你既不想面对也不想承认，有时你也会十分胆怯，但实际上，你对自己来此的真正目的心知肚明。
>
> ——约翰·德马蒂尼

在法国世锦赛结束后的几个月里，所有事情都进展得十分顺利。首先，我获得两项享有盛誉的回报：在24小时世锦赛中获得优异成绩后，又赢得了澳大利亚年度最佳表现奖。随后我辞去了在悉尼的工作，开始创立自己的事业。我一心想要帮助领导者提升他们的意识层次，并激发出工作环境中的"魔力"，这使我动力满满。

可是好景不长。噩运似乎不知从哪儿突然冒了出来，我还没来得及反应过来，就一下子从云端跌入冰冷的水底。停留在舒适区的幻想被新冠疫情给彻底打破了。

创立新公司这一"右转"当然存在风险。我辞去一份稳定的工作，开始靠运营一家尚未起步就遭重创的企业谋生。那时的我甚至还没找到我的第一位客户。我曾想过放弃，或者说我曾以为自己很快就会遭遇失败。

后来我转念一想：我也可以选择放下，放下我的控制欲，跟随直觉并相信这个过程。我的企业旨在协助他人转型，增强适应力以迎接挑战，并实现其终极抱负。为了让企业在初创时期更好地生存下来，我必须为如何"右转"建立一个模型。一夜之间，我发现自己再次踏上一条神秘跑之路。只不过这一次，我需要应对的不再是来自科里出人意料的"右转"，而是社会大环境给我们带来的恶劣影响。

创立新公司需要我投入全部的精力，好在我也不必因参加下一场赛事而分心。超级马拉松赛的未来与其他事物一样，充满了不确定性。丽贝卡已经获得了在荷兰举办的 100 公里世锦赛的参赛资格，而我的身体正处于最佳状态，打算要参加资格赛时，比赛却通通取消了。首先是资格赛取消了，随后 100 公里世锦赛也取消了。我已获得参赛资格的 24 小时超级马拉松世锦赛，原计划于 2021 年 5 月在罗马尼亚举办，现在似乎也不太可能顺利举办了。

最令人意外的是，"海岸到科修斯科峰"极限马拉松赛居然"复活"了。我参加了比赛，即将实现自己从海滩跑 240 公里抵达澳大利亚最高峰的梦想。然而在我跑到 222 公里时，一个突发状况出现了。当时我处在第三名的位置，离终点线仅 18 公里远，可我和我的后援队不得不做出了退出比赛的艰难决定，将完成"海岸到科修斯科峰"极限马拉松赛的目标留到第二年去实现。7 小时前，我开始腹痛，尽管腹痛难忍，但我一直坚持跑着。我整个人太虚弱了，在最后登顶阶段，我无法在山顶凛冽的寒风中坚持下来。始终将安全放在第一位是正确的决定，我之所以能在疲惫和睡眠不足的状态下做出这一艰难的决定，要归功于我的"右转"心态。我意识到自克赖斯特彻奇那场比赛以来，我已获得了长足的进步。我不再认为无法完成比赛将成为我身份的污点；成功或者失败都无法定义我是谁。

我参赛是因为我热爱跑步。从这个角度来看，即便未能完成比赛，这次"海岸到科修斯科峰"极限马拉松赛的参赛经历同样无愧为一次非凡的经历。之前当我为大卫做配速员时，赛事总监保罗就曾指出，我有能力完成比赛，但可能需要多次尝试。他说得果然没错。第二年，我将继续我的登顶之旅。

我有一个清晰的长期愿景：为黑暗带来光明，为茁壮成长创造沃土。勉强接受现状再也无法使我们满足，选择烂熟于心的道路并不见得比"右转"进入未知领域更加容易。在这一时刻，我们的内心都会经历挣扎。一个声音诱惑我们：熟悉的痛苦远好过未知的恐惧；而另一个声音则会质问我们：如果连实现愿景的勇气都没有，那生命还有什么意义？我们最后一次问自己长大之后是否实现了儿时的梦想，是在什么时候？将曾经的梦想视作单纯的幼稚念头，可能比竭力去实现这份梦想要容易得多。然而当现状已然无法令我们满足时，选择待在舒适区一动不动实则更加幼稚。

过去让我们成长并获得成功的事情，往往会成为我们未来实现理想的障碍，记住这一点对我们大有裨益。在内心深处，我们知道只有当挑战自我时，才会找到"自己是谁"以及"什么能给我们带来满足感"的答案。通过艰巨的适应性挑战，我们得以转变，就像毛毛虫破茧成蝶那样。处在"飞翔"状态时解锁的所有可能性，是我们把精力集中在如何提升"爬行速度"这个方面时永远也想象不到的。一切从根本上发生了变化。我们发展出了此前无法想象的意识层次，从而让自己发光发热。

对于许多人来说，当我们沉浸在与目标相符的具有挑战性的活动中时，我们才最能感觉到生命充满意义。我们没有去想象自己的理想人生，而选择努力去将其变成现实。这意味着我们会通过学习不断提升自己，将自己从"只能被动接受外界刺激的客体"转变为"能够主动选择回应方式的主体"。毫无疑问，从"被动对抗生活"到"主动书写人生"的转变会让我们畏惧。

2020年，我没有穿上澳大利亚国家队队服继续参赛，而是举办了首次鼓舞人心的线上主题演讲活动。那时我们正处在第一次居家隔离阶段，而我已经等不及要测试我的梦想能否经受住现实的考验了。我采取了一种简单的快速成型法。这种方法曾在大红跑中发挥了极大作用，让我没有陷入过度思考的困境。此时此刻，最为重要的便是创新和保持敏捷，快速成型法使我得以摆脱内耗。那次线上演讲的主题是"获得一切皆有可能的心态"，该演讲吸引了来自不同国家的60名参与者，其中大部分是管理人员。我想向人们分享"魔力"带给我的神奇体验。我想告诉人们，每当我在习惯性左转的十字路口选择"右转"时，这种体验便会出现。我想向人们传递"激发魔力"培训课程期间弗里曼在我内心之中点燃的火焰。

我无法在笔记本电脑屏幕上看清他们的表情，然而在后续的讨论中，我能感觉到他们都渴望成为自己命运的主人。他们同样渴望挖掘自己与生俱来就拥有的伟大"魔力"，渴望勇敢地去追求自己心中最伟大的梦想。

随之而来的问题是：我们应如何做到？答案虽然很简单，做起来却绝非易事：我们需要"右转"，打破生活中重复的、常规的行为模式。然后，我们还需保持专注，刻意练习，并不断调整方向。任何想要拥有真实生活的人，都无须等待别人给予认可。我们内心本来就拥有"魔力"。

后　记　你永远都拥有选择权

我们的人生故事将如何继续，取决于我们所采取的行动。能否实现远大愿景和梦想，取决于我们能否提高自身的意识层次。在意识层次没有提升的情况下，不断扩大的影响力将会带来不断上升的风险。每时每刻，如何应对的选择权都在我们手上。这个世界需要的是有清晰目标的领导者。他们不仅致力于为人类发展创造沃土，而且致力于为整个生态系统的可持续发展做出贡献。在付诸实践的过程中，他们也在分享和传播积极的价值观和远大目标。

领导力发展始于我们每一个人。我们如果想要提升生活各方面的质量，就需要成为一名成熟的领导者、一个成熟的人。我们需要通过内心探索之旅，将自己从恐惧和任何关于自身局限的既有观念中解放出来。我们需要打破固有信念。有多少次，我们曾将自己限制在"脚踏实地"的"明智之举"上？不妨问问自己："如何才能为自己的人生做主？如何才能在关键时刻做出选择？"

当我们盲目地相信自己预测未来的能力时，我们会假装自己对未来了如指掌。但事实上，经验只源自过去，因此有其局限性。我们的想法也是如此。当不再被过去的限制性经验束缚时，我们便能挖掘出内心惊人的力量，而原本看似无法解决的挑战也会随之消失。

我们都有能力实现自己的伟大理想并付诸行动。但阅读与冒险相关的书籍，并不能代替你亲自冒险。想遇到人生之旅中的惊喜，就必须先给自己制造惊喜。通过转变，我们便能从安全的舒适区进入未知之境，成为可以赋予未知生活意义的人。

在这段冒险之旅中，我们不妨将那个小男孩战胜癌症的故事的启示谨记于心：我们有能力做任何我们自己想做的事。

长跑启示录　Turning Right

每当迈出重要的一步,我们都在做关键性的选择:是继续选择毫无新意的安全和稳定,还是选择迈向未知的改变和创新?只需向新的方向迈出简单的一步,就有机会实现转变。当我们有勇气探索未知的道路时,我们就能够释放出内心的"魔力"。

我相信,我们都有某种未曾体验过的生活在等待我们去探索。欢迎来到冒险之旅。

未来，属于终身学习者

我们正在亲历前所未有的变革——互联网改变了信息传递的方式，指数级技术快速发展并颠覆商业世界，人工智能正在侵占越来越多的人类领地。

面对这些变化，我们需要问自己：未来需要什么样的人才？

答案是，成为终身学习者。终身学习意味着永不停歇地追求全面的知识结构、强大的逻辑思考能力和敏锐的感知力。这是一种能够在不断变化中随时重建、更新认知体系的能力。阅读，无疑是帮助我们提高这种能力的最佳途径。

在充满不确定性的时代，答案并不总是简单地出现在书本之中。"读万卷书"不仅要亲自阅读、广泛阅读，也需要我们深入探索好书的内部世界，让知识不再局限于书本之中。

湛庐阅读 App：与最聪明的人共同进化

我们现在推出全新的湛庐阅读 App，它将成为您在书本之外，践行终身学习的场所。

- 不用考虑"读什么"。这里汇集了湛庐所有纸质书、电子书、有声书和各种阅读服务。
- 可以学习"怎么读"。我们提供包括课程、精读班和讲书在内的全方位阅读解决方案。
- 谁来领读？您能最先了解到作者、译者、专家等大咖的前沿洞见，他们是高质量思想的源泉。
- 与谁共读？您将加入优秀的读者和终身学习者的行列，他们对阅读和学习具有持久的热情和源源不断的动力。

在湛庐阅读 App 首页，编辑为您精选了经典书目和优质音视频内容，每天早、中、晚更新，满足您不间断的阅读需求。

【特别专题】【主题书单】【人物特写】等原创专栏，提供专业、深度的解读和选书参考，回应社会议题，是您了解湛庐近千位重要作者思想的独家渠道。

在每本图书的详情页，您将通过深度导读栏目【专家视点】【深度访谈】和【书评】读懂、读透一本好书。

通过这个不设限的学习平台，您在任何时间、任何地点都能获得有价值的思想，并通过阅读实现终身学习。我们邀您共建一个与最聪明的人共同进化的社区，使其成为先进思想交汇的聚集地，这正是我们的使命和价值所在。

CHEERS

湛庐阅读 App
使用指南

读什么
- 纸质书
- 电子书
- 有声书

怎么读
- 课程
- 精读班
- 讲书
- 测一测
- 参考文献
- 图片资料

与谁共读
- 主题书单
- 特别专题
- 人物特写
- 日更专栏
- 编辑推荐

谁来领读
- 专家视点
- 深度访谈
- 书评
- 精彩视频

HERE COMES EVERYBODY

下载湛庐阅读 App
一站获取阅读服务

Turning Right by Kay Bretz

Copyright © 2021 by Kay Bretz

All rights reserved.

本书中文简体字版经授权在中华人民共和国境内独家出版发行。未经出版者书面许可，不得以任何方式抄袭、复制或节录本书中的任何部分。

版权所有，侵权必究。

图书在版编目（CIP）数据

长跑启示录 /（澳）凯·布雷茨（Kay Bretz）著；徐烨华译 . -- 杭州：浙江教育出版社，2025.1.
ISBN 978-7-5722-9356-6

Ⅰ. B848.4-49

中国国家版本馆 CIP 数据核字第 2024YF7800 号

浙江省版权局
著作权合同登记号
图字：11-2024-425 号

上架指导：马拉松 / 商业思维

版权所有，侵权必究
本书法律顾问　北京市盈科律师事务所　崔爽律师

长跑启示录
CHANGPAO QISHILU

［澳］凯·布雷茨（Kay Bretz）　著
徐烨华　译

责任编辑：	李　剑　骆　珈
美术编辑：	韩　波
责任校对：	傅美贤
责任印务：	陈　沁
封面设计：	湛庐文化

出版发行　浙江教育出版社（杭州市环城北路 177 号）
印　　刷　天津中印联印务有限公司
开　　本　710mm × 965mm 1/16
印　　张　20.00　　　　　　　　　字　　数　285 千字
版　　次　2025 年 1 月第 1 版　　　印　　次　2025 年 1 月第 1 次印刷
书　　号　ISBN 978-7-5722-9356-6　定　　价　99.90 元

如发现印装质量问题，影响阅读，请致电 010-56676359 联系调换。